BENI
o menino que aprendeu a sonhar

Editora Appris Ltda.
1.ª Edição - Copyright© 2024 do autor
Direitos de Edição Reservados à Editora Appris Ltda.

Nenhuma parte desta obra poderá ser utilizada indevidamente, sem estar de acordo com a Lei nº 9.610/98. Se incorreções forem encontradas, serão de exclusiva responsabilidade de seus organizadores. Foi realizado o Depósito Legal na Fundação Biblioteca Nacional, de acordo com as Leis nos 10.994, de 14/12/2004, e 12.192, de 14/01/2010.

Catalogação na Fonte
Elaborado por: Dayanne Leal Souza
Bibliotecária CRB 9/2162

C331b
2024

Carvalho, Claudemir Lino de
 Beni, o menino que aprendeu a sonhar / Claudemir Lino de Carvalho. –
1. ed. – Curitiba: Appris, 2024.
 96 p.; 21 cm.

 ISBN 978-65-250-6357-7

 1. Romance. 2. Vida. 3. Amor. 4. Presente. I. Carvalho, Claudemir Lino de.
II. Título.

CDD – B869.93

Editora e Livraria Appris Ltda.
Av. Manoel Ribas, 2265 – Mercês
Curitiba/PR – CEP: 80810-002
Tel. (41) 3156 - 4731
www.editoraappris.com.br

Printed in Brazil
Impresso no Brasil

Claudemir Lino de Carvalho

BENI
o menino que aprendeu a sonhar

artêra
editorial

Curitiba, PR
2024

FICHA TÉCNICA

EDITORIAL	Augusto Coelho
	Sara C. de Andrade Coelho
COMITÊ EDITORIAL	Marli Caetano
	Andréa Barbosa Gouveia (UFPR)
	Edmeire C. Pereira (UFPR)
	Iraneide da Silva (UFC)
	Jacques de Lima Ferreira (UP)
SUPERVISOR DA PRODUÇÃO	Renata Cristina Lopes Miccelli
PRODUÇÃO EDITORIAL	Daniela Nazario
REVISÃO	Lavínia Albuquerque
DIAGRAMAÇÃO	Ana Beatriz Fonseca
CAPA	Lívia Weyl
REVISÃO DE PROVA	Sabrina Costa

AGRADECIMENTOS

Agradeço a colaboração e o acolhimento de Larissa Cristina Franco, uma amiga e irmã que a vida me concedeu o privilégio de conhecer. Sempre dedicada e ouvinte, nesse tempo presente, no qual participou junto a mim para que esta obra chegasse aos leitores, acolhendo de pertinho este livro feito com carinho e dedicação ao leitor, e sempre me incentivando no percurso deste trabalho subliminar.

Agradeço também os amigos e os conhecidos que fiz nesta caminhada, na qual todos fazemos parte.

Agradeço os meus pais, Orvandino e Maria, que me apoiaram desde o início deste trabalho, e àqueles que sempre me incentivaram a seguir esta obra adiante.

Enfim, são pessoas que amamos e levamos conosco, que acreditam em nosso potencial e desenvolvimento humano, que nos permitem crescer e ser quem somos; são esses seres valiosos e humanos que nos tornam melhores sonhadores.

A todos que sempre estiveram ao meu lado... aos que tive a oportunidade de conhecer e aos que ainda virão.

Neste tempo presente no qual andamos, vemos que o que nos molda é a capacidade de olhar nos olhos daqueles que amamos.

Reuni palavras para expressar minha gratidão, pois não seria o mesmo sem antes ter pedacinhos de vivências de cada um ao longo de minha jornada!

Deixo aqui minhas palavras tocadas ao vento e levadas aos corações de todos... muito obrigado a cada um, seres desta era.

APRESENTAÇÃO

Beni, o menino que aprendeu a sonhar é uma história cativante de romance, vivida por Beni e Lenia, ambos aventureiros, que nos levam a contemplar a vida e as profundezas da nossa existência. Nos convida ao olhar contemplador do mundo, que nos move abrangendo um mundo feito de pessoas e suas ações e nos mostra um reflexo social.

Esta obra nos traz a dureza e os desafios a serem superados, nos mostrando a importância de um mundo onde deixamos nossas marcas. Uma obra que nos convida a olhar o nosso interior e aqueles que, juntos a nós, podem construir pontes seguras em meio às incertezas da vida.

De fato, esta obra nos inspira a ter um olhar atento às coisas simples da vida nessa era acelerada, em um mundo dividido, em que estamos por vezes distantes. Ao escrever esta obra, me vi, vez ou outra, próximo aos meus personagens, pois suas dores e lutas diárias são um reflexo da nossa atualidade. Suas vidas e superações nos aproxima, trazendo ânimo para seguir adiante em nossa caminhada ao contemplar novos horizontes diante de nossos olhos, que ocasionalmente são esquecidos; nos convida a reconstruir, com aquilo que há de melhor na vida. Uma obra profunda, atemporal e convidativa, nos arremetendo o voar, o florir e o sentir da vida presente.

Uma era onde nos buscamos entre as névoas e os escombros, perdidos e distantes, passou a ser rotina. Basta um olhar atento a nós, que permite o desenvolvimento humano e partilhado; um reflexo de nossa existência.

SUMÁRIO

BENI, O MENINO QUE APRENDEU
A SONHAR – O SENTIR DA VIDA 11

O RETRATO 22

SEGREDOS E MENTIRAS 26

AMORES E SOFRIMENTOS 30

CINZAS 35

MOMENTOS... 40

DESEJOS E CONFLITOS 45

AS CARTAS..49

MUNDO AO CAOS 53

O RETORNO 58

OS SEDUZIDOS..62

VALOR ATRIBUÍDO...65

CHAMAS DANÇANTES..68

NOITES FRIAS, PRESOS EM SAUDADES 73

SONHOS ADIADOS 77

LUA CHEIA 80

ESTRADAS E ESCOLHAS..83

Beni, o menino que aprendeu a sonhar – o sentir da vida

Tendo a leveza de uma vida simples e livre, cheia de imaginação, Beni estava tocando a poeira. Seu sentimento presente era o prazer. Não era um dia qualquer ou comum, ele estava longe disso. Ele estava vivendo plenamente a vida; tudo era algo novo, uma aventura, o gosto da felicidade. Era o motivo de dar asas à sua imaginação.

Sua mãe quando via sua alegria, era uma dor a menos. Hoje, não haveria tantas tristezas naquele imaginário, não haveria critérios ou limites, era simples a magia do presente; a criatividade era um terreno fértil.

Seus sonhos tinham poder, nada mais humano possível de ser alcançado... muitos já não os tinham...

— Olha o Sol quente — dizia a sua mãe.

Beni contando suas histórias ao imaginário solto de um menino.

— Papai, viu a senhora? Ela disse que cuidaria de mim, me traria novidades.

— Menino, deixa de bobeira, todos os dias uma fantasia!

— Papai!

— Filho, vem, olha a chuva!

— Mãe, cadê a chuva? Por que ao cair se parece um choro? Por que as gotas secam ao tocar o solo?

— Beni, tudo é parecido nesse mundo, até mesmo as ondas do mar!

Sua mãe dizia:

— Saia da chuva. — Hoje, nada será como ontem. Vamos, entre para dentro, feche a porta!

Certa vez, Beni, já amadurecido, observou um velho senhor sentado, respirando devagar.

— Bom dia! Está esperando alguém aqui? — perguntou Beni, indagando o estranho que acabou de conhecer, por ocasião.

Então, aquele senhor, com semblante de ter muitas histórias e com um olhar de quem viu o mundo, disse em compassadas palavras:

— Sempre esperamos alguém, até mesmo os solitários. Que vida estranha, jovem, um dia fui forte e viril, e hoje, cansado e esperando o meu derradeiro destino, me assento aqui, para ver se as cores das folhas das árvores são as mesmas de antes... Parece que o tempo passou por mim e não o vi. Estava a ocupar-me demais de coisas que não voltam a ser as mesmas. Veja, a vida refinada é seguida nos passos lentos de um amanhã. Meus olhos não temiam ver o amanhã, pois reguei, em meio aos prantos, meus dias com a coragem de ser.

— É estranho mesmo — disse Beni, ficando em silêncio.

— Por que seus olhos não temiam ver os dias? — perguntou Beni, já que ambos ali estavam.

— É simples, nunca vi os dias, por isso não os temia. Sempre me reinventei, a cada dia, feito uma nova semente regada. Teria eu chance de agora ao menos respirar em paz!? Era o mesmo reinventar no silêncio de minhas palavras.

Certa vez, Beni, andando preocupado com o futuro, disse:

— Ó céus! Terremotos! Era o sonho de alguém despertando para realidade, cadê os meus sapatos? Uma meia para cada pé é um resultado infeliz de ser vivido ou experimentado.

Se tudo era algo novo, por quê temer? Era preciso a magia da descoberta, andar distante era a rotina de seus pensamentos. Socialmente, diferente do acostumado, era ser ele...

— O velho regava donde tudo era prantos? Será de fato a vida uma planta? — perguntava ele.

— Se tudo é parecido, igual água ao mar, menos são os seres tristes que vivem nela!

Beni queria navegar no horizonte. Estava profundo ao ver o Sol distante.

"Partirei hoje como se não houvesse amanhã", dizendo ele a si.

Meses depois, estava ele naquela viagem, com correntezas turbulentas, nuvens espantosas anunciando tempestade e gritando em meio ao caos:

— O que dirá ao seu destino?

— De todas as sortes, onde estará o erro?

— Por que é tudo espanto?

— Que vida estranha! Morrer é minha sina? Ou ficarei de pé, diante das ondas que acirram?

Exclamava ele agora a própria sorte, como um louco, um herói:

— Beberei do caos? Alimentarei minha alma na espera da calmaria ou a darei ao medo, ao ponto de um fino fio?

— O fim sempre esteve próximo, é preciso ousar acreditar!

— Somos um ressoar, jovem! — dizia uma jovem estranha ao lado escuro de seus conflitos estilizados ao tempo:

— Quem está aí?

— O mesmo caos dentro de ti! — dizia a estranha, Lenia, ao jovem Beni. Ambos acabaram de conhecer o mar raivoso, o céu dotado de incertezas, o encontro ao nada...

— De onde viestes? Como não a notei aqui?

— É simples, esse barco era do meu avô, um pescador famoso por sobreviver. Hoje, eu quis dormir aqui, pois ele partiu há dias e deixou esse barco, mas não imaginei você aqui.

— Eu o comprei, senhorita — dizia o jovem.

— Estava dormido quando acordei aos gritos — dizia ela perante um naufrágio beirando ao longe, ao desconhecido.

— Por que o desamparo não permite pensar? Contra as ondas não progredimos! Mas por vezes desistimos de nós mesmos.
— Enfatizava a donzela estranha.

Beni respondeu:

— Tudo já tinha sido mostrado a mim, menos a saída desse acaso!

— O mar às vezes não está para peixe, acho que nem para nós nesse tempo. Tudo é uma lástima que nos cerca, uma fronteira na luz caminhando à escuridão. Pertencer a si é deixar um dos dois no estado mais profundo de existir.

— Tu, Beni, acreditas em sorte, destino ou acaso? Qual é a resposta que daria à vida diante de seus olhos?

— Bebidas fortes bebem os homens alimentando o esquecimento. Dominados por seus medos, tornando seus sonhos longes e buscando uma fuga, sendo prisioneiros em si; estava distante o coração. Senhorita, seria o mundo mal?

— Acho que tu és atormentado, em qual mundo tu vives?

— No mundo onde existir cobra um alto preço, valor esse que nem vejo, não tem alma nem sentimentos...

— Se tu e eu somos acaso, destino ou sorte, estamos no mesmo barco, só que em mundos diferentes, dividindo hoje os mesmos céus.

"Céu manso, ó céu manso! Aponta ao fronte, calmaria se fizera, ilha estranha parava tal destino nas areias, terra estranha coberta pela sede insaciável..."

"Caro Beni, não restara nada além de sobreviver, seria um herói de si? A quem resiste e vence seu limite?"

Lenia, uma aventureira, de tal modo disse:

— Minha sorte é acaso. A morte nos confins desse assombro é um esquecimento enjoado. — Deve ser o mundo um retrato infeliz? Desavisado, por muitos encontrado, ou um centro onde todos nos encontramos? Qual é a mudança que ansiamos? Viver é respostas para abreviar a dor? Por que sofrem os bons? Qual é a justiça, a do homem ou divina? Onde se perderam o tempo e as pessoas? Onde estamos?

— Onde estamos não importa, nunca importou! Somos instantes! Uma vaga luz permeando no escuro, querida Lenia...

— Achei que eras tênue e assustado, para onde foram seus medos?

— Nas coisas que nunca existiram e por vezes desistimos e fracassamos. Por simplesmente dividir o nosso melhor e entender que mesmo no vazio indiscreto soubemos ser, menino sonhando com um mundo melhor!

— Disse que eras atormentado, mas vejo muito de mim em ti. Seríamos essência do mesmo frasco? Por que caístes sobre nós tal acaso?

— Talvez compreendemos que o mundo reina para todos, até para nós nesse tempo, nesse acaso de destino...

— Palavras são soltas, mas o que fica é a dúvida, se ali em nós há algo. Ou em vão nada acharemos, arriscamos ao pensar, sonhamos ao almejar... realizamos ao alcançar. A vida por vezes é um sonho de quem não quer acordar... São como águas de rios, ao encontrar o mar, não resistem, mas se deixam levar.

— Se tu, ó Lenia, meiga mulher, soubesse que desse frasco a dose de tristeza e um cheiro de choro não se aproximava tanto... Poderia ver um mundo diante de seus olhos sem tocar. Há uma mistura enlouquecida de sentimentos; amor e dor, um drama marcado na vida de cada ser vivente... Até em mim, uma alma aventureira.

— Dois mundos diferentes dividindo hoje o mesmo céu; seria o acaso, destino? Seria a figura mais triste por natureza, os seres humanos? Seria a felicidade plena, uma causa? Seria ou é? Qual é o gosto do vinho velho e do novo, se são vinhos? Qual é a escolha certa se errar é humano? De qual taça brindaremos? Quem tem a perfeição de entender sem julgar? Me diga, meiga Lenia... se o brilho de nossos olhos fala sem dizer... — Mas Lenia em silêncio adormecia.

O vento movia o barco e ambos respiravam em profundo sono. A terra distante deixava feito passado esquecido ao amanhã.

— Onde estamos?

— Não sei!

— Voltaria se soubesse onde estamos, onde paramos no tempo, onde o ponteiro do tempo deixou de existir? Somos loucos a dançar na chuva... E agora? Quem saberá que existimos? A espera de quem estamos?

— Olha as ondas, elas dançam sem esperar a chuva... As condições em que nos encontramos é um conforto, ao menos temos companhia... Tu tentaras a infâmia vontade de ter subitamente suportado o peso da vida sem sequer ter vivido, amado?

— As vidas que ao mundo surgem viram o infinito diante de seus olhos?

— Se almeja ao menos um mundo, onde façamos diferença? Quem sorriu, e na palidez insinuante se amou?

— Um final nos espera recluso, ao espanto de nossos medos, a todos invitamos sem olhar o íntimo de nossas almas... Isso é bastante para continuar... Ou tentar ser livres?

— Sim, um emaranhado de fatos, e sempre os alimentamos de alguma forma, tanto como para nada se opusera a ver.

— Partiremos ao destino solto, sem ver, apenas sentiremos cada novo dia, regaremos nossas raízes feito plantas que aceitam suas curvaturas, no abismo do mundo, onde tudo é um encontro. De nada adianta mudar a trajetória sem aceitar as condições opostas.

Beni olhou com olhos de quem não tinha maldade ao ver o Sol distante, feito um encontro consigo, pois era a luz desde sempre, uma espera que acende as chamas vivas de existir.

— Lenia, acorda! Venha ver!

— O que foi?

— Veja por si.

É admirável! Não tinha percebido, há beleza no caos!

Seria o amor nascendo? Era fato que seus caminhos cruzaram naquela tarde distante ao nada, era feito vento, que os estremecia, sem dizer nada.

Beni confuso pela mente, sentia o ar da calmaria, abraçando Lenia que era meiga de palavras e doce, e ela o sentia!

Era o maior de todos os atos, uma mistura enlouquecida de sentimentos. Poderiam se perder nessa andança, mas o caminho de cada um terá suas marcas, diziam-se a si sem palavras, ao olhar que valia por tudo, sem dizer nada; era um amor consolado.

"Sentia o vento a tocar, seria um dia a mais?", pensou Lenia.

— Tem vasto mar! — falou Lenia, com seus cabelos molhados ao vento.

Quem daria seu tempo, ao ver tanto sofrimento?

A maldição do homem é eternizar numa aparência que nem ele conhece. O barco seguia com o fluxo das correntes tocadas, agora nascia em seus olhos o brilho a seguir, não era o fim, era a mudança!

Dia a mais? Viveremos hoje? Onde há o verdadeiro estado de espírito? Onde acharemos a fé? Quem virá ao nosso encontro? Qual é a realidade que nos cerca? Por que magoar-se tanto? Respirastes? Como uma formiguinha ao grande ninho, fazendo seu pequeno mundo, frente ao vazio do nada. Ao novo ao final, recomeçamos ou paramos onde estão nossos pés? Escondemos o tempo ou usamos? O que vimos ao amanhecer fostes belo? Ó alma solitária, o mundo precisa de ti, fostes mais que a margem de um rio perante um oceano...

A espera da calmaria ou tempestade são emblemas dos esquecidos, ou a vida seria uma aventura? Quem saberá a dança enlouquecida? Melodias das meras vivências, que tornam os dias mais belos, onde cada ser é o toque do vento.

— Ah, se soubesse que dentro desse ser tudo é raro, menos os reflexos de minhas ações. Meu tempo vivido foi feito de muitos sonhos. Sou uma formiguinha no grande ninho, uma fagulha nesse tempo presente — dizia a jovem ao Beni.

— Como quem deseja sonhar? Temos um espaço pequeno, a questão é onde estamos? Se ainda não vivemos?

— Estamos longe demais para pensar e perto demais para racionalizar o que de fato queremos. Nunca há uma resposta, se não nos arriscarmos sempre teremos a certeza do fim, mas não saberemos! A resposta de tudo só existirá quando realmente fizer parte da nossa essência, não como verdade absoluta, mas como quem ensina e quem quer compreender. Querida Lenia, deixe que o mar nos leve, e que de grandeza em espírito passeamos breves por aqui — dizia Beni, com palavras aquecidas, a Lenia.

— Olha aqui! Tens uma caixa empoeirada no canto, veja!

— Um baú com cartas!

— Abrirei!

— Veja é de seu avô!

— O que está escrito aí, Beni?

"De John Frides:
A quem tiver esse barco: logo na partida não terás um barco, mas sim uma história. Quem for valente para contemplar a beleza de existir e quem carregar nos seus ombros a beleza do infinito compreendeu toda a história. Fez de suas escolhas seu abrigo, não temeu o mundo mais compreendeu-o com ele.
Deixe aqui o velho e recomece o novo...
Registros são histórias nas quais nos tornamos; todos têm a capacidade de se encontrar menos propensos a sofrer!"

Naquele momento esgueiravam o abismo, um consolo; era o silêncio formidável e implacável... Talvez a riqueza era uma luz de esperança.
Lamentavam-se a não suprir suas demandas, mas o que era perigoso era não ter novas ideias.
Aquele baú era parte pequena de uma vida, que ao longe muitos caminharam. Não foram as bagagens, mas o que permanece seria dose de coisas; umas delas é tudo aquilo que encontramos no caminho e temos apreço, por não trocar por dinheiro algum. Seres que habitam na mente levamos no coração.
Obstinado a aqueles que contemplaram as estrelas, que embora houvesse fumaça não temeram os fogos... Andaram devagar!
Seria um chamado?

"Nessas cartas há vários de mim. Alguns são solitários, outros, barulhentos. Alguns preferem seus silêncios, não seguem uma vida comum, não vivem seguindo regras, não fazem guerras, não buscam muito, apenas um pouco de amor e um coração em paz.
São raros, preferem a voz do silêncio que o grito na praça. Tem uma casa pequena, mas cabe muitos dentro de si... gostam de jogar conversa, rir com coisas sem sentidos. Despertam o adormecido sentido, o fato de simplesmente existir.

Essas cartas são pequenas fatias de tudo um pouco... dariam lindas histórias; a maior delas vivi.

O tempo mudaste meu gosto, modelaste meu jeito, minhas ideias e meu pensamentos. Às vezes, há tantas mudanças que receio não ser o mesmo, mas mesmo assim as vivi.

São cartas guardadas como quem abre e bebe um copo de água fria. Ah, como são doces as lembranças. Como o vento que toca o rosto pediu licença e chegou para ficar... Cartas são pequenos mundos a desvendar, tem gosto de livros de sonhos.

Nesse baú, feito da vontade, um mundo convidativo está nas pequenas descobertas. Somos pegos de surpresas, levados pelas ondas de pensamentos, abraçados por nós, seres dessa era...

Tornamos atentos ao que é bom; alegria tem costume de durar pouco. Estaria aqui revisando os caminhos? Digo não! A vida é mais que isso! A qual adianto: espere pouco de muitos, ama-te a ti e se encontrará; isso não é uma receita, o mundo está estranho mesmo. Poderosos somos quando nos conhecemos e vemos nosso potencial, isso já está em cada um, pulsando pela manhã.

Não andeis abatidos, ande com quem tem o privilégio de sua presença.

Precisamos resgatar o gosto de olhar nos olhos, onde pulsa e sangra os corações humanos, somos feitos disso... Não nós iludamos, ninguém é maior que ninguém nessa terra... Somos todos partes desse mundo, a missão de cada um é torná-lo melhor, receptivo ao desenvolvimento humano; esse é o segredo de nossa sobrevivência... O que se ajunta não se espalha."

— Seu avô John Frides é muito sábio — dizia Beni a Lenia.

— Sim! Iremos ler cada uma de suas cartas enquanto viajamos em lugares incertos. Talvez ele nos dê uma luz nessa turbulência. Dizem que há coisas que o destino já providencia, basta abraçar as escolhas, sem medo de errar.

— Sim, nossa vida é feita daquilo que carregamos e abraçamos.

Após uma pausa, Beni disse:

— Veja essa outra, Lenia!

— Do que é?

— São muitas; essa agora fala do retrato.

— Que interessante, vamos ler... Há algo maior nos chamando, estariam nas estrelas as respostas?

— Sim! O toque dos ventos nunca nos enganou, é preciso ouvir para ser ouvido.

Tinham limites, mas nada era mais inovador que escutar a voz da realidade...

O retrato

Diante de meus olhos perante o mundo, caía sobre mim mil pesos… mas ainda tinha algo que não havia sido tirado de mim… Vida, uma pequena luz, se acende entre minhas mãos.

Somos levados despreparados… O mundo, nossa casa, nada mais é do que aquilo que nos tornamos a ser. Não importa o que a vida fizeste de nós, o importante é aquilo que fazemos.

A mudança reside em nós. Não está lá fora, está dentro de nós, adormecida, esperando sair.

O homem cria algo para si, o condena e depois mata. Ele mesmo tem a resposta, e tenta não ver… Há tantas coisas belas, que correr atrás da vida é desperdiçar tempo.

Nada é sobre ter, mas ser. O que fazemos? O retrato agora é saber se encontrar!

Dava ao mundo pequenas coisas; não era muito, mas o bastante para fazer aos pequeninos seres um cantinho pequeno, onde poderiam guardar suas memórias….

Dois meses depois, estavam diante de terra, levados pelas ondas antes assopradas… Desaparecidos, estranhos, cansados.

— Quem são esses estranhos?

— Ah, meu Deus! São eles, os mortos! Eles voltaram, é um milagre!

Tal fato deu ao ar da graça, poucos esperavam seus retornos. São aqueles despercebidos que voltaram…

— Piratas roubaram a cena, meu senhor, agora somos importantes? — dizia Beni, com o âmago que advinha de seu estômago.

Era de fato um momento de afeição, mas como dar carinho, sem também antes receber?

Recaía sobre eles, antes a bordo, suas tempestades passadas, para dizer ao mundo que estivemos por aqui?

Por que cabe o valor aos seres humanos quando deles nada se tem? Quando são meras lembranças?

> — Seres desta era, segurar as mãos dos próximos é levar ao peito o ouvir das próprias pegadas, onde se encontra seu espírito.

> — Menos melancolia. Senhor Beni e senhorita Lenia, mostrem um sorriso lindo, olhe, estão vivos! Terão a oportunidade de ter uma boa história e ficarão famosos, quem sabe alguém escreva sobre vocês! Afinal, qual é o verdadeiro retrato que temos da vida?

> — Beni, pode segurar minha mão? Há pessoas estranhas em todos os lados!

Estavam um pouco frios… O medo os deixava assim…

> — Sim, senhorita. Parece que nós somos os estranhos, na nossa própria Terra, e não sabemos como mudar isso…

O retrato infeliz do tempo é insignificante aos olhos, mas cobram altos preços.

"Dirijo à casa abandonada, lá é frio, mas a fogueira a aquece. O calor, querida, é nós que o mantemos. Quantas chamas se apagaram enquanto andamos distantes?"

Retratos são como enigmas, temos que rever os significados, abreviar tudo, ou aceitar o que é e quem somos. Nunca existiu uma vida tão satisfatória. Com isso, o calor da vida aquece e os sentimentos nascem remotamente com a vontade de viver.

Era ousado ver… Talvez menos audaciosos, desvendar tamanho imbróglio de mentiras caíam naquele olhar frio. Ali havia coisas que nem sabia, ao menos se negava a ver. Era menos torturante a realidade, quem éramos, velho retrato, senão apenas marcas?

Tem tantas almas mortas escondidas atrás de um sorriso… Almas de corpo, entende?

São quadro de horas mortas, cenas inventadas para enganar alguém, ou a si próprio. Sempre têm otários querendo parecer alguma coisa; era essa coisa, buscamos o que nunca foi nos dado. Isso machuca, entristece, é um vazio sem fim. Isso é a vida, muito louca, ela não brinca, não amola, mas derruba. Quem disse que é fácil?

Retrato, pode se dar ao luxo de esconder alguma joia? Quem sabe tu irás ler! Guarde as boas lembranças de ser quem é... A única certeza que temos é que somos únicos... morando numa ilha pequena chamada Terra.

Mundo pequeno, não? Encontramos aqui? Talvez seja algo maior que uma simples imaginação fértil... nossa capacidade de acolher sem dúvidas o nosso ser, antes distantes, não é algo maior que sonhos? Fé? Ou interesses, por novas descobertas?

De fato, não é tão simples assim. Quanto mais sabemos, menos convencidos ficamos... um grau de loucura é preciso para fugir da realidade. Há tantas incertezas; de certezas não temos nada.

Acreditava ser a própria escuridão, enquanto era uma luz. Tinha algo mais pavoroso do que morrer lentamente? Não era o riso, não era o abraço, não era nada, nada mais que vestígios. Acordei da realidade e a vida não é um retrato.

Ninguém tem o controle de nossas vidas além de nós, escolhemos a família, a casa, os amigos, embora sejam poucos; precisamos reintegrar aquilo que pouco sobra de nós... Gritos não podem vencer a humildade que nos torna humanos... deixe ir, seja aquilo que muitos não são, um espírito elevado, longe de tudo que lhe rouba a paz.

Caberia escolhas? Sim! A mais difícil é se amar!

O retrato da realidade é apenas a ponta, onde falta sabedoria e cuidado. Onde era base, tornou-se pesadelo.

Que realidade! Muito se fala em amor, mas no fundo não amam de verdade... amaria o nada de alguém? Quando nada era apenas sua presença?

Seria a nossa existência uma dose louca? Entre o amargo, prefiro aqueles que me olham nos olhos e me convidam à mesa, não tem nada mais humano!

Fui amado por poucos e odiado por muitos. Em minha inutilidade, foi quando abri as portas, saí e não voltei mais... me senti leve, não tinha culpa, e não perdi nada.

Quais são os retratos de nossa existência e miséria? Onde fostes nossos dias!?

Comecei pela manhã, tirei tanto peso de mim, que meus pensamentos eram leves. Depois de muito tempo, não era o retrato, era a minha vida, mas o que dizer para quem não ouve nada?

Onde aquele fictício retrato estava, minha alma era pequena, meu mundo interior queria que houvesse luz, assim o fiz; eu brilhei para as estrelas, elas sorriam para mim. Teria sido muito mais inovador, ter menos dor! Porém não, é como uma borboleta que voa, às vezes é preciso sair além, buscar do alto as visões extraordinárias.

Naquele imaginário, um mundo, onde há vivos e outros, não, a dose pequena de amor pode ser o início de uma longa estrada... estamos todos vendo de forma assistida aquilo que é nosso e não mudamos por medo; chega a ser frio ver quão distantes nos tornamos.

Ninguém jamais teria encontrado uma evolução tão alta, se não sentisses a dor humana, ela dói na alma... Isso fala mais que mil palavras, e centenas de sentimentos.

Haja solidez em nossos ombros ao explorar o que não está ao nosso domínio. Poderíamos ter milhões de nós batendo no mesmo ritmo, que daríamos as respostas, mas aqui, perante essa era, cada ser deve ser feliz por si. Não por egoísmo, mas para selecionar o que de fato é interessante e modular de uma realidade de falíveis retratos que nem mesmos sabemos a cor. É preciso viver a vida com a abundância de cores que são as nossas.

Nossas marcas são tão únicas. Onde podemos ter nosso próprio paraíso, podemos dar cor aos nossos próprios céus sem apagar a luz de ninguém; isso é evoluir! Para o nosso entendimento, o que viemos fazer aqui? Qual é a alegria daqueles que nos amam de verdade? Ela não mede... Ela busca e acrescenta.

Segredos e mentiras

Tragam seus segredos, purifiquem suas almas, descansem e mudem suas vidas! Há tantas desesperanças. Ó escárnio, temos tudo e arriscamos entregar tudo assim ao desconhecido?

Onde mora a real grandeza? Tenho comigo suas lembranças, mas mesmo assim esquecer parece-me a saída; olhaste para ti? Quem diria ver um retrato triste de alguém que um dia chamou-se de si! A vida anda, parceiro... Até suas velhas memórias perdeste?

Onde reinará o juízo? Ele não é nosso, estamos vulneráveis longe do colo e abrigo, buscando encontrar o que sobrou de nós... estamos domando o que não sabemos, vendo estranhos sendo o dono de nossas moradas; são eles fumaças de medos, angústias e incertezas.

E por momentos construímos muros, para nós proteger, passamos tempo demais para entender que a ponte segura sempre esteve aos nossos pés, no mapa da vida.

Vivemos numa prisão de nós mesmos, somos prisioneiros, escravos do que fazemos e pensamos ser. Livres, enterramos no esquecimento as verdades que somente a nós competem, mas não somos capazes de viver tal liberdade, sem antes o mergulho na vastidão de nossos infortúnios.

Segredos e mentiras são negar que tudo passa... de tudo flui, há um mundo a dizer por si; estar nele compete aos fortes renovados em espírito, o qual não seria atento a uma solução, pois individualmente todos tendem a encontrar em si a solução às fórmulas que supera os medos que os sobrepõem. O sofrimento fez da alma menos julgadora os limites do abismo, mas foi lá às baladas, aos ouvidos; coube a única pessoa que restou poder, então sobreviver, a julgo de tal existência.

Mentiras, palavras e vazios são um palco onde se congelava os sonhos.

Voltava, para seus rastros, partes daquilo que semeava... Tudo começou quando não cabia naquele lugar.

Confiar em mentiras e segredos é trair a si mesmo.

Pela manhã, veria tudo ser o mesmo?

Não teria como negar, não era amado, só era útil quando tinha uso... Sobrava restos daquela existência um pouco fria.

Onde foram os dias? Por que há remorso de amar e confiar em alguém?

Queria lhe amar como você merece, mas até isso me assusta... tenho medo de lhe ferir. Vejo partes de mim que se perderam numa curva... mas irei buscar, lhe prometo.

Daria tons de cinzas aos meus dias? Certamente, nem penso nisso... por que choramos ao receber aquilo que é nosso? É pedir demais?

Correria para seus abraços, se entre mim e ti não tivesse esse muro... Lhe disse outro dia que ninguém tocou o paraíso sem antes cruzar os infernos.

É entre segredos e mentiras que apagamos nossa mera existência.

Morre a confiança, a desculpa, tudo é coincidência, coisas paranoicas... Onde andaram nossos pedaços? Daria tempo de resgatá-los?

Não adianta ter lábios doces e um coração amargo, não há tempero para as mentiras. Vidas feitas em segredo não são vidas, tampouco mistério...

A porta está aberta, espero rever o mundo antes não visto, a frieza me entristece... Não há nada de novo!

Fragmentos de rastros estavam dentro do peito, uma saudade imensa, mas era o que restou! Deixei de viver por coisas e vivi por mim; era tudo mais simples, um jeito fácil encontrado, dava clareza às ideias.

Tudo cansa ao prologar o que já é o fim. Não se pode inventar algo novo em cima de coisas velhas, quebramos a graça da vida e o encanto antes sonhado.

Não podemos guardar o que não nos serve, é preciso deixar. Não compete a nós algo. Alheios ao nosso domínio, coisas vãs, a perca de espírito...

O tempo é raro... E tão logo o nosso caso.

Existem questões que só o tempo trará respostas... Há um tempo para tudo, desde os dias sábios, até os mais confusos. Talvez seja uma dose de aventura um tanto eloquente a nos pôr ao fio de nossas existências; uma página de memórias escritas pelas pontas dos dedos, em verdades ou mentiras antes contadas; onde estará o pousar das horas? Onde nos encontraremos ao entardecer?

Sabes onde fostes sua luz?

Sinta o vento tocando na direção onde o coração ao menos pode bater. Deixamos as âncoras que nos prendeste no passado, para ver os aventureiros que sonharam e não foram pequenos pela dimensão de seus sonhos. O possível agora é tocável, quando respiramos. Suspirar e ser quem és... segredos e mentiras são um resumo morto, onde deixamos para trás, antes desconhecidos, o mundo antes, que não desejamos por perto, o que um dia conhecemos.

Andou longe o coração buscando resposta e ela estava no primeiro passo que deste... apenas veja o infinito. Nós o conhecemos por completo?

Na balança da vida, cada um pesa e leva consigo coisas que não podem abraçar, coisas que não cabem; tornando uma verdade em mentira. O riso agora é preso, a alegria tornou-se distante, e o coração, confuso...

Mentiras sobre meus olhos, que na pressa nos perdemos de um mundo adiado; qual prisão escapamos? Levaria sobre meus olhos a condenação? Há tantos de mim... eles só querem viver!

Hoje, não vi mais verdade que o presente... olhando pela janela, em passos lentos, seria a miséria a nossa existência aos prantos, que ninguém enxugou?

Poderia existir, recomeçar além de meus imbróglios? Minha pequena luz chegastes rompendo tudo antes, o céu estremecia e tocava a vida adiante.

Tudo em tempo. Qual tempo então daríamos? Parar além de estradas, todos se erguem... alguns pelo prazer, outros pela busca, outros por abrigo, outros, uma gota a mais de vida.

Não está aqui quem antes viveu, está aqui quem ouviu algo maior ressurgir, mesmo nas montanhas antes passadas. Onde tu esteves? Meras lembranças apagadas não podem fazer suas novas páginas. Caminhamos pela manhã, ouviu, agora, seu coração?

Esteve aqui quem nunca te deixou; você mesmo!

Aquele espírito, antes entre as nuvens, uma estrela adormecida, rompida, agora a iluminar... Não é tão irreal assim! A verdade é o toque que pode sacudir a nós; uma rota na qual o pouco é o bastante. Tudo é distante, quando não a temos.

Viveremos ao encontro de nós, antes que as chamas acendidas se tornem ventos dispersos ao ar! Mentiras não irão seguir a luz!

Teria, aquelas velhas cicatrizes, memórias, meu domínio? Ah, atômicos e dispersos, não queremos guerra conosco! Queremos viver em paz!

Irreais, loucos, ou sonhadores? Talvez! Menos presos a regras...

Onde há metades, não pode ser inteiro. Andantes dispersos, esquecestes que foram completos; caibamos por inteiro, isso é o bastante! Menos é mais, mas não em todo o caso...

Desvendamos, irreais, as dores de costumes. A velha criatura torna-se nova, sim, é de todo modo o aborrecimento, mas uma vez perguntando: aonde estávamos pela manhã?

Devoramos mais uma vez a nossa existência, a vida se vive! Não adianta se prolongar, numa busca infinita purificamos nossa alma com amor, assim é menos misteriosa a nossa existência.

Amores e sofrimentos

Tenho ou não tenho? Perco ou ganho? Que jogo é esse?

Agora, rompendo os mares, ilhados no mundo chamado Terra. Depois, escrever e enviar-te, talvez me faltes, palavras, mas as guardei pela confusão que era meu pensamento, não aprendi a lidar com coisas sensíveis tipo o amor. Dizem que ser romântico é ser louco, fraco e tolo... mas quem dera não dizer-te... Se tu soubesse que, pela manhã, vi ao longe a face de seu rosto e os reflexos de seus olhos, diria que sou louco, mas essa loucura que vem de dentro é uma loucura boa, ela me diz que nossos mundos são feitos de coisas extraordinárias e pequenas.

Que o mais triste seria não ter sua presença; sabia que iria me repor para ter ânimo, jamais brincaria em dizer coisas rasas para almas profundas. Teu mistério é ter a certeza de que estarei sempre aqui quando o mundo vier distar-se, meus braços serão seu refúgio e teus medos serão pequenos, lhe ofereço minha presença, seja boa ou má, estarei neles todos os dias, ao seu lado, segurando suas mãos e sendo o motivo de seus belos risos.

Hoje, me sinto confuso porque no mesmo som que o mundo ouve queria apenas mais alguns minutos para abraçar-te, seria renascer sem esmagar tudo o que o amor suporta, menos uma despedida quieta.

Talvez lhe pareço estranho, pois me viste de forma confusa... Mas trago-lhe versos. Até o fim do mundo, meu amor será seu, se assim quiseres.

Todos os dias perdemos um pouco, fomos enganados a vir a esse mundo, no qual o bicho homem entre seres rastejantes é o mais triste. A natureza não cansa de mudar, o progresso é uma pirâmide na qual um dia não saberemos como descer. O homem trabalha tanto que não tem tempo de viver a névoa além de risos.

O desenvolvimento é uma peça, a riqueza é a soma contida de tragédias, fomes, medos e imperfeiçoes; é um abismo entre ter e possuir, um possível dilema de ter. A Terra, antes emergida, não é de todos. É palpável, passageira... Ó vida, o que de ti diria? Quem saberá de fato onde estará a montanha?

Qual são as minhas ações e de quem vêm?

Quem ouviu seu primeiro choro? E se deu menos convincente da certeza que tudo é? O homem colhe o que se planta?

Ah, não! Às vezes colhemos sem plantar. A vida é um caos dentro e fora, não tem santo remédio que possa ajudar. O que podemos fazer é respirar... nos passos lentos como formiguinha a andar, não se é o fim! Quando o Sol se vai, podemos recomeçar.

Ao terminar entre muitos, não seremos mais um. A dose que é apresentada é amarga e infeliz, mas a vida contínua é o ponto que podemos seguir. Olhamos o passado, revemos o presente, sonhamos com o futuro, e sempre estamos distantes do ponto que queremos.

Como amor, um fogo com brasas, se não o nutrirmos se apagará; não saberemos se ao menos existiu... Traga-me a taça para nunca esquecer quem sou!

Na tirania perversa da Terra, seres tristes, o homem caminha mais alto entre todos; suas ações são flechas e seus alvos são os inocentes. Há sonhos dentro de cada um, apenas esquecem de vivê-los.

Contaria meus passos, mas não tenho o tempo, pois cicatrizes, medos e o mundo lá fora assustam; é um vento vindo dos confins do mundo, como seres que diante do mundo irão seguindo, levo dentro de mim o amor e o calor daqueles que me cercaram; eram partes trazidas para lembrar-me que não está só quem sonha!

Quem me diria que o alto da montanha é saber descer? Amores e dores são uma descoberta, que um dia de manhã vamos passar. Seremos tão breves que os passos não se contarão...

Há um certo espinho, um calo... não pense, somente viva!

A mágica acontece? Talvez!

Poderá acontecer, vistes? Quem teve o prazer de andar, viu ao menos adiante.

Então poderia recomeçar... bem na hora!

Quais, dentre os desejos, foram tão intensos, ao ponto de desejar sem ser desejado? Amaria além de corpos? Daria o prazer humano além da calorosa presença, sem cobrar apenas por ser e existir?

Qual é o verdadeiro amor que doamos, nos olhos dos seres amados?

Quem inventou uma caixa para cada receita, se além de fibra, carne e osso, nosso espírito andante é feito... Sabes onde está a grandiosidade? Esteve em coisas pequenas, aquelas que guardamos e temos o prazer em repetir.

Amores e sofrimentos são coisas inseparáveis, mas nada impede que tenhamos saciados nossos espíritos com coisas extraordinárias, doses que na vida são amargas, outras são doces e suculentas, de leve e raros instantes, que integram o essencial e a vontade de seguir.

Amar é um ato de coragem, exige tato para não desistir, mais que isso, paciência para aguardar que floresça então floresça... todos têm algo dentro de si.

Esperar que o mundo não desabe, que os ventos não os dividam, que acima de tudo houve o gosto e o prazer de olhar nos olhos. Teria achado o certo e o errado, entre todas as escolhas? Haveria critérios além da soma de sentimentos capazes de transbordar o íntimo de nosso ser? A vida plena certo dia será uma decisão, mas também será uma despedida; até lá, cabe, então, vivê-la e evidenciá-la como algo real, ao nosso encontro.

Disponível ao que cada alma regozijou-se nos fragmentos que cada um dispôs ao se recompor, no que é desafiador e intocável, por ora distantes; são grandes em si, leviano de espíritos alados por andar no vasto caminho, no qual decidires percorrer.

Em cada um há uma história que ninguém conhece... Em passos lentos, entre fumaças, nada restará; se a dor não ensina, ninguém saberá onde esteve seu coração. É preciso renascer, deixar que o melhor floresça. A história não termina, quando se é novo o pensamento.

Entre pegadas do que ainda resta, o Sol dispôs um amanhecer novo, agora nosso por natureza; tão perto de nossos pés está a escolha que agora nos intriga a mover perante o mundo. Daria o amor respostas aos seus propósitos?

A vida convidou-me a agarrá-la, de forma a qual não a sufocasse, entrou na porta pequena de um coração antes desabitado e triste assim, em lhe dizer: o amor intriga os poetas, do menor ao maior, ser vivente. Muito se diz, mas onde podemos o encontrar?

Nesse tempo, não tinha nada mais suave que a alegria, que semeava o meu olhar e era intensa; queria mais alguns instantes para então vivê-la novamente.

Numa escolha, entre incertezas, do querer sem ter, onde a objetividade do ser amado não importa, mas, sim, o toque simples na marcha de juntos seguir adiante.

Mergulhando no mundo novo além de novas descobertas, o ato agora não é para si, mas para o outro. O nosso passa então a ter sentido e o bem comum surge. A maior riqueza, de forma similar a ferrugem, não desgasta e o tempo não corrói; o amor não é mais uma gota, mas a própria água que então sacia a sede.

Ao intrigar-se pelo fato do calor existente, nas pupilas que agora brilham entre as escolhas de que nada foi mais simples que dividir. Tivestes o entendimento, tudo fostes possível e alcançável.

Nada é tão simples, porém nem tudo é tão inalcançável assim. As dores não nos tornam mais fortes, mas nos ensinam a não revivê-las de forma que não nos silencie. Não precisamos de tortura, o mundo já é uma prisão, e cada um já tem suas próprias dores.

Não podemos dar voltas entre dores e sofrimentos, escolhas, ou não. Um dia tudo volta, até aquilo que não imaginamos, seja bom ou não, aqui nessa terra onde os seres caminham, todos terão de suas vidas, histórias, e caminhos onde viver e reviver e encontrar-se tornara uma descoberta por si.

Não há vida fácil, tão pouco ganha... nós perdemos uma hora e outra. Hoje, o que haveria de novo é que podemos abrir caminhos, nos quais quem ama, e o faz, deixou para trás suas dúvidas... Abraçou o amanhã como se não houvesse outro após aquele.

Não seria loucura dizer que entendeu, que em ti há vida, e é no presente em que somente amar é necessário. Estar aqui foi o encontro mediante às incertezas regeneradas pela capacidade de olhar e ver quão profundo fostes.

Amores e sofrimentos são algo visível vindo ao nosso encontro. Temos que ver com os olhos da alma e compreender que somos parte desse processo no qual estamos inseridos. Mesmo sendo amado e tendo a quem amar, tudo passará. Certa vez, vi algo maior em mim; não era tão fraco assim, era a medida certa de conviver com o melhor de mim. Naquele dia, entendi que o que valia era o recomeço, o mais importante. Não era o que tinha me tornado, mas o que guardava em mim! De certa forma, era estranho olhar para trás e não ver o presente...

Quais são os aspectos mais importantes que nos diferem de outros seres? A capacidade de inventar e de construir? Somos artistas por natureza.

Seríamos nós, seres dessa era, a mudança? A busca por algo melhor?

Os caminhos que cada um trilha terá um novo começo! Fazer da vastidão de oportunidades um novo sonho, um ar que seja leve e um mundo que seja pleno... Capaz de tocar as nuvens num só olhar.

Ah, não digas que chegaste aqui para ouvir o que diz ser algo inovador! É algo maior. Viestes para ensinar e aprender que o passado antes cinzas não pode ser, agora, o seu presente. Ser único nessa era é ter a capacidade de fazer diferente; nunca é tarde para sonhar... não viestes aqui para ser menos, teu mundo é maior, precisamos de ti!

Então, tudo o que fiz foi andar! Era um ato corajoso, não salvei apenas mim, salvei a muitos!

Outro dia, outro tempo, outra coisa... extraviei meus pedaços ao vento, reguei com alma cada vida, de mim souberam...

Naqueles dias seguintes, me chamaram: "Tu vens?". O que dizer desse chamado? Seria agora diferente?

Fui, me agachei ao solo, toquei as águas e senti o ar; era a coisa mais bela que poderia imaginar!

Cinzas

Aonde foste? Batia alguém, clamando atenção!

Eram os distantes que a vida os uniu, eles tinham algumas palavras não ditas, afinal, quem nunca aguardou algo para si?

Tinham tantas coisas neles que elas os dominavam, não era tão simples assim arrancar um riso, as feridas ainda sagravam.

Lembro-me de tudo que percorria nas gotas de minha veia; não eram coisas, eram sentimentos. Quem parou para pensar que somos isso? Sair do barco não era alternativa, a força era maior que um momento.

Eram estranhos, mas verdadeiros... Aprendi a amar e eu os amava de forma simples; queria ver o voo de cada um. Era minha felicidade e, também, minha cura.

Me chamavam de marinheiro, de terras distantes, me diziam que era especial, mas ninguém me dizia: "há um nó que liga nossas almas e um dia nós o encontraremos". Às vezes, encontramos, às vezes, somos encontrados.

Não tinha fé, pois achava não merecer nada, a vida me torturava, era apenas um bagaço; não falava, não chorava, não vivia; era apenas um homem solitário voltando à sua casa, vivendo a pequenez de sua vida; não havia lágrimas, pois havia secado... era um poço onde sempre descia.

Dirigiu a mim o andar menos assustador. Andamos dispersos, buscando direções; teria de repor o presente sem esquecer-me, dava trabalho negar a realidade.

Recaiu sobre os ombros o peso do mundo, tornando os sonhos, pesadelos. Era preciso coragem, isso agora era sobreviver, não havia me dado bem com a vida novamente. Ela era manhosa e tinha um jeito de não me tratar muito bem; acho que estava de mal comigo... teria que me resolver com ela, pois as noites eram frias e os dias eram longos, adormecer era o único jeito de esquecê-la.

Tomei da bebida forte, conheci alguns estranhos dentro de mim e dei a voz a cada um. Eram estranhos, mas tão íntimos que ouvi-los me despedaçou, me fizeram ver o que não queria; entregou seu coração ao poeta pensador. Todos temos nossos próprios monstros!

Aqui, não há uma alma que escape da dura existência entre viver ou existir, todos têm algo a superar; nisso, não há receita fácil, a não ser o conhecimento.

O velho marinheiro John Frides mandou para o seu despojo doses amargas, para alívio, e manter fuga daquilo que achava, agora, sem solução... Era um dia de esquecer, nem sempre foi assim, assustador.

Chorando como o orvalho entre relvas solitárias, enfim estava só, o velho marinheiro... Sua boca se secava, seus olhos se buscavam; era apenas o mundo solitário imaginando se ver naquele imaginário, mas a vida o levou para distante... Sonhar? Talvez imaginamos o começo, mas não estamos prontos para o fim.

A maldição das lembranças é como água, um dia alvoroça e no outro acalma. Ah, desprendesse de mim aquelas marcas. Todos têm um dia mal!

"Deixe aqui um pouco de ti, prometo guardar", era a primeira vez que algo sim dizia.

Algo nos consome, meu amor não se teve nome, são muitos... Como quem pousa sem saber voar.

Daria-se por certo se aqueles que se vissem tão em alma pudessem ver a verdadeira beleza na alma de um olhar.

O abrigo e a riqueza que o ouro e a prata não podem comprar são os que chegam e o melhor nos deixa.

Cinzas levadas ao vento, tocadas ao solo, hoje, me fizeram também lembrar que nem todas as flores podemos regar.

Sim, aquele adeus me matava por dentro, malditas horas!

Quem viu o que senti? Ninguém ousou imaginar, tudo e todos divergem entre si... Ninguém escapa de ninguém, alguém pode machucar mesmo amando, outros, sem sentir nada, vida fria, moço.

Quem muito tentou desvendar a loucura do amor viveu sem ter quem amar!

Cinzas, naquele momento no qual não deseja, as horas eram longas... Me tornava bobo e idiota; sabia, no fundo, que não daria em nada, o que não se podia mudar, mas era mansa a vontade de tê-la bem pertinho.

Ela tinha gosto de algo que não vivia... Talvez só éramos almas antigas, tentando se encontrar.

Dias cinzas ao consumir, lentamente, os sonhos. A vida saberia se pôr de pé perante o mundo? Quem quer sofrer?

Gostamos de coisas que não são tão boas assim, mas temos tendência de repetir os velhos hábitos... É preciso renascer, para, então, florir.

Eram tantos desencontros... Fugia ao longe, em que o revoar das abelhas pareciam triste.

Estava guardada, numa caixinha pequena, a lembrança de muitos sonhos. Não poderia tocar os céus azuis sem antes ter o brilho; naquele dia, viu, aos olhos pequenos, que a grandeza daqueles que provocam nossos risos são as melhores.

Daria certo agora, o antes errado? Sim! Era o começo da grande caminhada, a vida começa quando decidimos viver.

O céu era azul; a lua, clara; as águas, transparentes; e os ventos eram calmos. Buscar entre os pouquinhos de nós mesmos é abraçar nossas escolhas, ter onde pisar e saber que o pouco é o bastante... Tudo começa quando decidimos seguir adiante.

Não era uma loucura boa tentar novamente? Sim, era mais que isso! Estava me salvando do que tinha sido o engano, do nada além de sombras e medos.

Então, eram cinzas, como quem abre as cortinas e vê somente as neblinas, o amor tinha ido embora e eu o esquecido... Quem era aquele ser vivente? Dava medo de olhar, não o conhecia.

Tantas palavras feitas de tantas coisas. Veria os céus azuis naquela escuridão? Onde estavam as estrelas do amanhecer?

Ao menos, poderia falar de alguma coisa, era o começo! Que nada! Não havia nada! Esperando a quem? Vou lhes dizer que além dos ventos nada substituía o vazio de sonhos mortos.

Eram marinheiros, estranhos, cansados, querendo se atirar ao mar, numa escuridão onde temer já não era nada... avessos e desalentos momentos não poderiam fazer história. No instante vindouro seguiu-se, tornava a vida branda a desvendar.

Cinzas de longos caminhos distantes ao nada, todos podem cruzar, o prazer não pode ser medido se não tiver o gosto.

Olhe os mansos, herdaram longa vida, tiveram uma gota de sabedoria, para aprender as coisas simples, que são mais encantadoras.

Onde andastes nossos espíritos? Onde pousa o coração solitário?

Onde nos perdemos nos invernos e verões da vida?

Aos menos, cortamos os ventos, as águas, as terras desconhecidas, mas que ainda não morre dentro a vontade louco de viver tudo.

O melhor da vida é saber dançar. Foi em meio àqueles escombros que meu espírito teve a leveza de seguir adiante, mesmo não sabendo como.

Daria essa carta, a mim, a ti? Alguém veria adiante?

Vestimos hoje tudo que seja leve... que seja fácil de guardar.

Marinheiros ao mar lançam sua sorte, não temem o destino, não fazem acaso, e mesmo assim sabem onde querem chegar, sabem da morte, mas não a temem. Querem viver, deixam renúncias, se abrem ao novo, aprenderam que o pouco pode ser bastante... pois já não lhes falta nada.

Cinzas, cinzas, cinzas!

Quem é o dono desse navio?

Eles dominam o mar!

Será que conhecem o mistério da vida? Ah, claro, todos são marinheiros!

Alguns têm a fama de abraçar a luz do Sol após as tempestades. Onde foi minha alegria? Quero coisas que cabem em meus olhos, nos braços onde posso aconchegar minha segurança, tal feito a liberdade. Poucos entendem, nada pode ser mais pesado do que a vida perdida, do tempo precioso, daqueles que vão e deixam um vazio.

Ter a presença daqueles que nos amam e também são amados é um reflexo escondido em nossa própria alma... Esses são mais que seres, são pedacinhos que vieram nos reconstruir.

Momentos

Dizeis aos bons ventos que nos unirão; hoje, a luz toca nossas essências. Nada mais é tão merecedor do que aquilo que damos por certo, estar aqui! Bem dizeis a vida adentro, estamos aqui... Sabemos de cada curva e mesmo assim seguimos, unidos pelo mesmo instinto de sobrevivência, porém, é chegado a nós o mover, o andar. Nas pequenas coisas o mundo tornou-se a busca de todos; reconstruir essa realidade, de tudo, é uma causa que deve ser olhada de perto, não vista de longe.

Quando vejo que tudo o que mais queria está bem pertinho, eu abraço! Dou voltas ao mundo. Está presente em nós a vontade que nunca acaba, mas que permanece. Momentos não costumam voltar.

Há momentos em que queremos ficar só, outros, um pouco de calor humano. Não somos tão fortes assim, a vida de partilha é mais propícia ao crescimento; encarar de frente a dura realidade a todo momento é aumentar a própria angústia. Ao ver a realidade dos abismos, desejos e recursos, cair nele dá trabalho para se reconstruir.

Ouço aqui notícias suas, andastes entre aqueles momentos? Diria-me qual era a sensação? Vida chata essa, quem disse que temos de ter regras? Estragamos os momentos com feridas não curadas, é preciso desatenção e menos regras, afinal, quem nós aqui somos perfeitos?

Fazemos planos, mais planos e, no fim, tudo dá errado... Tudo se torna mais fácil quando acontece de forma natural... Tem coisas que só de pensar já dá errado!

Pela manhã, dirigia o barco. Voltei às velhas lembranças e lembrei daquele dia que disse que me amava... Seguia sem acreditar!

Não tinha nada de errado contigo, apenas as peças que tentei encaixar e nunca consegui; a vida me feriu demais... eu pensava, "será que estou pronto?", tinha medo de lhe magoar!

Confesso que dentre todas as mais belas flores você é a única coisa que me faria cruzar qualquer deserto! Até meus ossos sentem cada compasso de seu coração. Porque cada dia esse amor só aumenta... Amor raso não sei doar!

— Sou lento, demoro para me envolver, tenha paciência — dizia a ela.

Ela compreendia tudo num olhar que dizia: "então, fique!". Era diferente!

Em momentos que valiam, não sabia ser raso, quem me dera ser frio. Levava comigo algo maior: o entendimento de mim.

Hoje, sentir-se distante passou a ser rotina:

— Tem algo bonito em algum lugar esperando por nós. Um dia iremos encontrar! — Foi ela quem disse.

Por que tudo que é bom dura tão pouco? Quem inventou a dor nunca viveu um sofrimento! Ela chegou e foi, mas a abracei, dei a ela tudo que podia; não era muito, mas era verdadeiro! Então, fui ao mar!

Como é bom saber que somos amados! E preciso de tão pouco para ter um mundo... Agora, poderia saber que alguém me esperava, poderia contar todos os meus segredos e fraquezas e ela não me julgava; era atenta e sabia que às vezes precisava de ajuda e um colo; era só para protegê-la, com todas as minhas forças!

Entregue-se aos sentimentos, calmamente abraçar-te quero, rever nossas diferenças no jogo no qual ninguém joga, mas ganha; não recebe, mas doa. É um caminho incerto, todos andamos dispersos, te chamo com a clareza de quem brinca tão livre a sonhar.

Um tempo que não teremos de volta é um sofrer, por sentir... Há vergalhões de aço! Um dia saberemos outro nada.

Como machado... Foi uma cicatriz da bela árvore, mesmo assim ela tendeu a reviver, não foi a mesma. A base que a consumia foi certa de suas fraquezas, mas tens sido sombras para cada minúsculo galho.

Mesmo na sua ruína, houve beleza.

Em um tempo vindouro, frutos germinaram e a diferença das cicatrizes ficaram enterradas. No abismo das raízes, onde o tempo foram seus passados.

Momentos são tudo que não podemos controlar... é tão nosso íntimo que o mundo seria pequeno para segurar.

É sentir o toque de quem nos ama, o beijo que sonhamos, o calor que se emana... é um segredo que muito guardamos... Amigos, chegamos aqui.

Momentos nessa vida são maiores que a soma dos fatos. Não há começo, nem fim; fica na memória... Darei abrigo a mim, ser solitário, um pouco cheio do que me faz bem.

Era notável aquele riso leve; era apenas um dia qualquer, não havia nada combinado, tudo acontecia. Era simples, do jeito que a vida quer.

Naquele momento, permanecia a vontade que tudo se repetisse, mas inventaram o tempo e ele não é humano! Não se importa com ninguém.

Tantos que lutam por ele e ele simplesmente acontece sem parar, feito relógio, pendurado, como águas que vão e não voltam, coisas que acontecem só uma vez na vida.

Olhando desconfiado, quem veio a mim dizer-me algo, ou dizer nada? Quem despertou nos instantes finais de um belo sonho? Ah, queria saber o final!

Naquele momento, vi a vida. Ela é simples, não custa nada... Há horas que só quero sossego, outras, um barulho que me faz bem. Quero dela colo, carinho, sem ter pressa, ou coisas que me tiram o tato de repeti-la novamente, sem me esconder, sem me abater, ser quem sou. Cruzar os caminhos antes não avistados... por fim, deixar que as boas lembranças, aquilo que transborda de mim e cativas, seja parte de uma vida não mediana.

Era pouco perante o mundo, mas grande perante o gelo erguido de mais um naufrágio, da história recente de um desconhecido... não era estranho, era algo maior! Era a minha vida.

Tantos que procuram o melhor momento e perdem algo incrível, uma nova oportunidade... Talvez seja um tanto perigoso se acostumar com velhas ideias.

Teria a receita da felicidade? O momento seguinte? De tudo que já vi seria fácil e encantador dizer algo bonito. Vamos, vamos! Se anima!

Estava reunido alguns que certo dia se conheceram, mas eles estavam mudos, não tinham palavras; sabe o que era?

Estavam fascinados pelo prazer de ouvir coisa rara.

Quando éramos crianças, o tempo não existia. O adulto que somos hoje é uma criança querendo ser livre para brincar, ouvir, sentir e respirar; "coisa rara", dizia um deles.

Por que a vida nos mudou tanto? Onde foram os momentos mais simples de nossos dias? Teria, então, que inventar outro mundo? Não! O nosso é tão bonito, há rios que, dentro de cada um, é a vida, cuja é rara, meus caros! Há tantas formas de sonhar!

Dando uma nota entre estar aqui ou aprender, nada é mais importante do que temos em nossa casa pequena; fazer com amor, encontrar-se perante aquilo que se vai... nada se é como antes, mas em tudo é possível a mudança.

Onde fores breves, mas intenso, já é o bastante! Fique no paraíso das descobertas.

Dependeria a quem o seu destino? Lhes amarias como a ti mesmo?

Quer que conte o resto?

Numa manhã fria, em um dia qualquer, nada será como antes! Talvez acorde tentando adivinhar o sonho que sonhastes; será que não perdeste a melhor parte? Viveste?

Ah, como seria achar escolhas nos caminhos fáceis, mas a verdade é que a vida é uma cena viva a ser experimentada, há dias que tem muito gosto, outros, nada.

Teria como ver o tempo como quem olha e diz:

— Fica mais um pouco?

— Talvez!

— Há tantas coisas que podemos fazer, um pouco mais simples dessa vez. Que tal estar aqui? — Sorrindo com um sorriso largo nos lábios e uma sede de quem tem mais meros momentos para viver e não pensar... Quem quer viver algo inesperado não inventa, o faz; era isso o prazer de coisas para mim, sabe? A ti, a nós!

Momentos... momentos, onde os encontramos novamente? Ah, tem que ser devagar, tão devagar! Que o tempo pare, que nada exista e que a magia aconteça...

Momentos são grandes, do tamanho de nossos sonhos. É impossível resistir seu aroma, mas a vida exige paciência, tempo e cautela para viver da melhor forma; a forma simples de viver o inexplicável.

Vagas borboletas solitárias me fizeram ver... Não é preciso ter muitas coisas!

Perguntou-me de um jeito genial: "qual era a regra da minha inspiração?".

São muitas coisas pequenas que cabem no meu coração; são coisas, meus caros, que não custam! Não estão distantes, pois moram dentro da gente, despertam quando o nosso melhor é tocado de formas simples e verdadeira e nos convida a ouvir; ouvir e sentir passou a ser de perto algo fascinante...

Encerrando-se a tarde, se assentou ao lado de uma pedra, ouvindo o barulho dos riachos, das aves, das cigarras. De longe, era o mesmo de antes, agora não tinha dúvida, estar presente e em paz era tudo que queria.

Momentos aqueles eram preciosos como a luz ao dia; nada era como antes, agora fazia sentido estar ali, muitas vezes achamos ter nada, enquanto temos tudo. A resposta da vida sempre esteve em nós.

Desejos e conflitos

Há um tanto de confusão; há poucos e muito, a todos os outros, nada... É normal? Talvez seja quem diz ser aquilo que não é? Quem tentou desvendar tantos mistérios e se perdeu?

Teria uma ilha para cada mero ser mortal? Não podemos decidir entre o não visto, é preciso resgatar aquilo que vem de dentro; buscar algo entre as sombras. Não é uma fantasia delirante pertencer a si, se resgatar... Ninguém terá em suas mãos o coração em paz, mesmo que seja leve feito pena, sempre terá um porquê e é esse o erro. Viver intensamente exige um pouco de esquecimento. Levamos tudo de forma tão impossível, que as coisas mais simples fogem. Vivemos correndo enquanto poderíamos apenas respirar.

Ah, se o tempo que depressa anda me esperaste e, ao menos, me ouviste baixinho!

Na esquina do pensar me elevo ao imaginar.... donde vou é sonho do imaginar, ouvistes hoje os meus conflitos, com a franqueza na qual se abre caminhos, sem o elo que desprende ao plano mais elevado da minha existência, na qual me atento, não sofro... feito sofredor!

Estamos seguros e inseguros, temos conflitos a todos instantes; meus pés, antes aquecidos, hoje estão frios, e minhas mãos, trémula. As incertezas batem à porta, o que antes era quente tornaste frio... de onde vens?

Vem do gelo... Do que a vida me apresenta, como o elo a revisar-me as lembranças.

Seria a loucura mais sóbria ser... ser humano! Um esquisito anormal! Para a graça de muitos, um motivo ao óbvio.

Ninguém é dono de si, quando a noite chega e elas falam, são como fantasmas que surgem do nada. É duro ter tantas certezas, quando não temos certeza de nada...

Ah, sou dramático?

Melancólico por natureza! Tenho frio demais, não me aqueço sem sentimentos; estou numa Terra devastada, onde o ódio reina... e o amor a cada dia se esfria! Preciso respirar e ter o gosto enquanto sigo.

Não é muito, mas sou um estranho, um indivíduo pensante. Alguém me avisa! Que minhas obras são suculentos remédios para a alma que almeja se encontrar. Depois do distante que me atenho a sonhar para o mundo rancoroso e triste, o amor é como o orvalho nos campos, é um dos sentimentos mais belos a inundar... Talvez ele nos dê as respostas.

Somos andorinhas solitárias, estamos só! Buscando refúgio onde se pode tocar.

Onde estará o caminho de casa? Quem saberá o certo e o errado? Qual caminho andei até minha morada? Ó, céus gigantes fostes, para sentenciar-me às amarras que antes me apertavam? Cada dia vejo minha luz, sou livre outra vez!

Somos como um luz pequena que insiste em clarear! A teimosia de ver e o medo que não aceitamos.

Diria a ver que nada é tão puro como os sentimentos de uma vida que realmente se soube viver... mas sempre me oponho a entender... meu lado animal ainda existe e habita em mim; me resolvo com ele e por fim compreendo o mundo!...

Desejamos buscar além das seguranças do nosso abrigo. Ser algo hoje em dia parece ser interessante, corremos tanto atrás daquilo que se diz ser, que morremos por isso... Parece um pouco estranho!

Outro dia, um jovem estava tomando um café, motivado, dizia ele:

— Irei mudar de vida!

Ele tinha adquirido uma fórmula da vida, a receita para a felicidade! Vida ganha! O que acham?

Seguiu ao pé da letra como um manual, afinal, se alguns chegaram lá, chegarei também. Claro, todos podem sonhar e estamos aqui, ainda que distantes, tudo é possível. Porém, o que não sabia era que não existe fórmula para a felicidade, tampouco para a riqueza, existem condições e realidades diferentes.

Correr atrás daquilo que almejamos é algo que nos move, mas se torna perigoso quando o mesmo se torna também o nosso fim... A saúde física e mental deve ser prioridade.

Antes, o que nos cativava eram coisas simples. Hoje, são objetos.

Certo dia, ele teve um surto, partiu para outra, deixando um vasto silêncio àqueles que o conhecia.

Suas receitas ficaram como algo inalcançável... Ninguém escapa da vida ileso. Encontrar algo além daquilo que podemos carregar é cansativo. Nossas bases não podem ser alguém de fora, mas quem já é. Nos criamos e somos os artistas, donos de nosso destino, não podemos salvar ninguém, apenas nós mesmos; e triste é quando não nos conhecemos.

Se todos soubessem quem são, onde seus pés pisaram, não dariam o direito a um estranho de lhes guiar... Temos desejos e conflitos, acertos e erros, mas escolhemos o que é necessário, ou não!

É necessário? O que de mim irás ter ido embora primeiro?

Hoje, nesse grande negócio, de quem lucra mais, muitos morrem sem ter ao menos vivido um pouco... Ainda bem que existem pessoas de senso crítico!

Desvendar a vida como algo predestinado é aumentar a chance de adoecer... Queres ser feliz? Ama-te a ti e conte nos dedos quem realmente se importa contigo! E verás que são poucos.

Fique bem, a ponto de rir com coisas simples...

Muitos se tornam a coisas e estão presos a elas; seus sentimentos são rasos e suas vidas são uma loucura, não têm tempo de vivê-las. Queres algo emocionante? Chame quem tu amas e tenha cinco minutos de conversa, valerá uma vida. Veja o que és, não aquilo que tens... Às vezes, é necessário deixar certas coisas irem, pois a vida não pede bagagens.

Será que estaria logo ali, o que se está aqui? Dentro, adormecido, ressurgindo? Houve algo mais incrível no dia que andastes? Certamente, quase não perguntamos, tem tantas coisas que deixamos e são elas que temos que resgatar.

Qualquer ação desastrosa que vemos não pode ser uma experiência única, temos tantas formas de não sermos pequenos perante as inundações de experiências tais, como ver que nada dura, nem mesmo as que parecem sem fim. Há algo de bem curável, o bem comum de todos em tempos nos quais é o abrir-se, o desvendar.

Adivinhe, perante a busca interminável, quando o espírito não estiver em paz, nada tampará o vazio que cai e dilacera nossas almas; é um grito invisível pedindo socorro.

Hoje, o que se pretende é que haja soluções rápidas e mude tudo! E mais uma vez retrocedemos, caímos no colo do abismo. Nossas fragilidades tornam-se terras férteis à iniquidade e tudo o que há de desumano.

Tem coisas que devemos nos livrar, nosso maior perigo é a nossa mente, passamos tempo nos ferindo, nos comparando, ao invés de se alegrando. Olhar pela janela o mundo e não o contemplar é algo ruim para alguém que um dia foste belo. Ouvi, atento ao peito, que tudo tem o seu tempo. Desejos e conflitos, do que são, do que foram, não podem anular uma história. Não, está aqui, apenas um ser. Somos mais, somos maiores, não dá para apagar o brilho existente, ninguém disse que seria fácil, muitos dependem de nós...

Valemos mais do que imaginamos, só que às vezes estamos incompletos pela longa estrada percorrida. Parar, por vezes, não é desistir, mas sim dar um tempo à vida, que é necessário. Recomeçar entre o assustador e o estranho é ousar sair de dentro para ver, então, lá fora. Não somos feitos de aço, mas não somos tão fracos. É possível recomeçar quantas vezes for necessário, ninguém nos dirá como ser, cabe a cada um encontrar seu caminho nesse mundo. Mesmo entre tudo ou todos, teremos respostas ao buscar.

Ó, mundo! Hoje adormecemos, amanhã acordaremos, porém em tudo e em todos viveremos...

As cartas

Folhadas com a tinta da saudade e um amor intenso, eram tão suaves, que rendiam à vontade de ter e um desejo de não possuir!
Agora chegou, veio...
Entre, por favor não tenhamos pressa!
"Era um deslize não a aproveitar, o que é bom dura pouco", diziam a mim.
De mim, prometia, olhando... Esperamos a chuva passar!
"Não era tão interessante assim", dizia. "Que nada, a felicidade não busca imperfeição." O que viria a ser... se tudo fosse igual?
Então, me assentei. O vento tocava os meus cabelos e minha pele arrepiava entre o que imaginava que podia.

— Não sou interessante — dizia... Mas uma vez me disse de um jeito avassalador:

— Deixe acontecer...

Entrei pelas portas e no fim do túnel vi a luz, não era tão estranho assim, parecia que estava lá de alguma forma. Éramos tão íntimos dessa vez!
Minha pela arrepiava, minhas mãos ficarão trêmulas, mas não era confuso, duvidoso. Queria apenas que repetisse novamente, dava clareza àqueles instantes. Notei a árdua forma de compor a vida.
Um minuto era uma hora, uma hora era toda uma vida! Estaria eu pronto para viver intensamente? Então, sussurrei baixinho: — Pode ficar.
Ela, sorrindo, me chamou pelo nome e me olhando, disse: — Falei que eras importante!

Foi a primeira vez que tive a certeza de quem eu era... só nunca me dei conta disso.

Como forma simples de mostrar carinho, ela me deu algo valioso... centenas de formas para viver novamente, mesmo eu não merecendo... pois não tinha onde me agarrar, era tudo raso antes de conhecê-la.

Me chamou: — Venha, fique, hoje nada será o mesmo de antes.

Acreditei nessa ideia e a amei profundamente. Naquele momento, encontrei as respostas.

— Estarei aqui...

E sempre esteve. Não eram palavras, eram ações.

Assim como agora, daqui adiante será eterno o que somente nos faz bem!

Era a certeza de ambos os casos, de novas descobertas. Parecia um mundo de novas descobertas a quem nunca viu tal liberdade, valia apena tentar... A razão foi o preço da liberdade, era com amor que estávamos emocionados a viver tudo novamente de forma diferente.

Ninguém entenderia se não vivemos... Ela era chamada pela felicidade de raros momentos, de longos prazos. De vez em quando, ela aparece tão linda a ser cultivada, usa a leveza, o seu charme da vida, e o desejo que nunca acaba; um desejo tão ardente que a humanidade corre e ela foge, escapa pelos dedos. Para encontrá-la é só ouvir o que está dentro, esquecido, engavetado. Quando chegou, me olhou e disse:

— Tudo o que você é não importa. Farei com que ti hoje seja amado... Que nada mais humano é viver e existir... Felicidade, se tivesse uma aliança seria seu namorado!

Das cartas seguintes, o velho homem do mar assim descreveu, para sua amada, suas andanças.

"Eras livres, ó garota! Amastes de tantas formas... chorastes tão sozinha! Suas buscas foram se erguer mesmo no fardo cansativo do ombro caído, quantos sonhos não vivestes, mais que muitos...

Olha o barulhinho da lembrança, que antes os seus olhos nos fizeram ver! Feito campos que florescem.

Os mesmos céus dividiremos. Não há dito de quem emerge sem ser esculpido! Uma lembrança de quem soube... do velho manto, seu vestido.

Tudo é como lembranças, e nós apenas conhecidos... de um velho chão batido.

Meus olhos te veem como chamas. Meus sentimentos brotam a cada passo. Viver é reviver o fracasso; tenho suas mãos em meus braços! A lua mina e cresce, feito os sentimentos que nos enobrecem... nos aquecemos como enlouquecidos... nos amamos até ser desconhecidos!

Não fazemos guerra, não damos gritos e, mesmo assim, atentos estamos do que é bonito... Seremos tão íntimos que de mim serei seu. Nossos corpos se erguerão pelo prazer, e o suor será doce... E o vento do fim do mundo será suave.

Repousaremos em sono eterno, na Terra depois do mar... e lá, como quem queira, fizemos da vida um sonho e do amor, leve calores aquecidos. Ah, a ti regi, hoje, longe das penumbras do pão de cada dia.

Fazer dos passos pequenos uma vontade louca de viver e percorrer em grandeza, ser do tamanho da força que nos rege, se refazendo ao amanhecer, amando a vida. A força e o caminho sempre esteve perto de pertencer a ele; nosso destino, uma escolha alcançada.

Seremos breves; enquanto existir forças, nosso amor será a semente que sempre florescerá... a poesia em canções que nenhum ser temeu falar!

Hoje, desço com pés descalços, onde toquei a terra ao azul infinito desse teu olhar. Ouvi baixinho nosso amor pulsar... não faz barulho, é de costume ser quente. Sua voz é doce, seus cabelos são como pontos de um amor rabiscado, suas mãos seguram as águas e nossas almas formam os detalhes.

Serei hoje nessa infinita bondade seu sorriso. Ao fim de tarde, no calor emanado, versos serão versos, serei de um calor aquecido, sua voz aclamada, seu porto, onde queiras estar.

Seus desejos ardentes de tais sentimentos uma loucura boa, e o tempo em que tudo se caminha!

Nosso amor pousará distante..."

Mundo ao caos

Há uma vontade louca dentro de cada um, de tocar os céus e viver o paraíso. Não sendo estreito demais, numa atmosfera densa, leve e grandiosa... Olhando se chega, se vai... Todos perguntam: "onde estaria nossos corações nos movimentos de nossos dedos?".

Pequenos! São pequenos. As pegadas, para aquilo que não há alma, dariam aos campos dessa minha estranheza de ser uma alma que reviveu entre os jardins. Hoje, faço um pouco de silêncio, pois barulhos do mundo me deixam ausente, me perco tentando me encontrar. Todos têm suas neblinas.

O mundo ao caos tem tornado os dias manso. Nossas vozes, nossos gritos, hoje, não duram. Nada mais é próprio que ser humano, nos calamos, presos ao nosso pequeno mundo, enquanto o mesmo é vasto e acolhedor. Até quando duvidaremos de nós? Onde estará a direção de nossos corações?

Agora, queria apenas dar lhes uma resposta simples... Mas não! A vida não é um resumo de ser entendido ou compreendido, mas uma busca diária. Não é a dor que nos torna fortes, quando nossas forças às vezes cessam, é preciso respirar... Todos acordamos sem entender! Por mais que as luzes estejam acesas, vemos o escuro.

Dizem que o amor pode tocar essa escuridão e levar ânimo e coragem para mais um terremoto existencial... Sim! Ter bom ânimo é ter se descoberto e, mesmo assim, manter-se aquecido outra vez!

"Tendes bom ânimo!", dizia a mim! Não era apenas uma voz de dentro, era o pouco daqueles que viram, além de um céu azul, o porto seguro de seus corações... Coragem é tudo!

Quem teve além de um mundo compreendeu a grandiosidade do universo. Não estava só quem buscava reviver, há tantos de nós que se vão; é preciso descobrir juntos, o que chamamos de vida.

Ela é o maior presente que temos para fazer da poesia uma rima, das canções, uma alegria, da vida, uma festa. E de nós, meros seres mortais, a obra de arte escrita nas estrelas, no mundo de alguém.

Estamos aqui, nos encontramos... No fim, já esperávamos esse encontro mediante à face de nossos rostos, de nossos restos; o mundo fica menor quando o conhecemos, quando nada dele esperamos, quando nada pode ser tudo.

Nada, nada, nada mais é do que uma grande resposta para tantas dúvidas e desencontros, para tantas coisas que precisam existir... diluía, agora, as névoas de meu coração, que estava atento ao respirar. Era o fascínio de um mundo solitário, silencioso, tocado ao vento. O mundo caberia em mim, em uma forma de carregar sem esquecê-lo... Estava em pé o que antes caía.

Guardaria nesses instantes palavras... Mas irei proclamar ao mundo, onde façamos diferença.

Eis que se levantam as ondas, nosso barco estará inabalável, foi feito ao fogo, derretido ao aço, além de que em cada pedaço não faltou a força de nossos braços!

Exclamava alto, não era nada parecido com coisas costumeiras: — Viu? Amanhã é um novo dia, muitos estarão em casa!

Mais uma vez, me indagava: — São muitos que estão longe de casa! Ilhados em profundos desconsertos. São muitos, talvez milhares!

A esses habitantes de águas profundas, ouvi a voz soada na manhã ou fim de tarde.

Tem algo bonito a oferecer, tem o mistério ao olhar. Não nascestes para chorar e sofrer sem ser.

Voltava a escrever, o marinheiro afamado.

Chega de manhã, às vezes a tarde cruza a noite solitária... É um andar de quem anda com fome nos becos, nos grandes bairros, a grandeza da riqueza enlouquece, faz planos não humanos. Onde estamos?

Trocam o amor e a empatia pelo egoísmo; mal de muitos, alegria de poucos! Que mundo desigual é esse? É preciso morrer para ter? Por que não podemos ser iguais, se somos nascidos, no mesmo mundo?

Há quem diz aquilo que não viveu! Na esquina da vida há milhares de iguais, alguns têm sonhos esperançosos, outros, nem sonham... Apanharam tanto da vida que lhes restou apenas rastros, pequenos fragmentos.

Suas vidas, pouco vistas, passam despercebidas, entre restos de sua existência; eles têm histórias que ninguém contou em uma vida.

São eles, nobres senhores, que com o pouco fizeram o bastante, que são descartados pelo social correto, porém dignos de medalhas. Eles temem não ver o horizonte, não saciar seus filhos... Suas dores agora não são falta de fé, mas senso de humanidade.

Eles contam os detalhes dos dias, se alegram com cada conquista, às vezes com uma refeição. Há tantos deles, que são maioria, poderíamos tocar adiante sem ao menos sentir o mundo?

Todos somos heróis. Hoje, viver é um ato de bravura... Sim, meus caros!

Por que a frieza, enquanto poderia haver calor? Por que tanto horror? Onde caminha o nosso olhar, se poderíamos ter um paraíso para todos?

Mundo ao caos... É o pavor que temos que vencer, juntos, pela nossa sobrevivência. O mundo é feito de pessoas, ninguém precisa padecer...

Juntava o garotinho, numa manhã de domingo, balas e doces no chão. Ele estava atraído pelo doce, que há muito não sentia o sabor. Porém, recolhia agora do chão e levava à sua boca molhada. Tinha gosto de terra, alguém lhe avisa que está suja? Mas nada, nem ninguém, parece se importar com o ambicioso desejo do gosto que ele queria sentir.

Me olhando, antes que pudesse agir, com um olhar de alguém com pressa, como se tivesse de viagem e não poderia esperar-me. Era apenas um dia qualquer, com uma oportunidade única.

— Vejam, são balas e doces!

— Garoto, calma, não tenha pressa!

— Senhor, alguém pode pegá-las de mim!

— Depressa, depressa! Pode me ajudar escondê-las?

— Garoto, relaxa! Deixe-me ajudá-lo, tudo isso é seu!

Lentamente, as devorou, uma por uma, agora limpas.

Para muitos, apenas algumas gomas doces, para ele, um mundo de satisfação e alegria; ganhei um sorriso que não tinha preço naquele dia!

Ele se afastou lentamente, como quem queria estar ali e repetir o gosto de coisas raras... que mundo desigual!

O poder chegou, devastou o verde, as cinzas dos fogos queimaram os corpos; o poder consome, a esperança mata os sonhos, no trono, troveja a ira do homem mal sobre seus semelhantes. Deus, aonde terá ido seus filhos?

A dor da fome, a sede nos lábios secos e nos meus olhos molhados rondam a tristeza de quem viveu a agonia do frio. Em cada um dos dias, uma voz esquecida, calada ao sofrimento!

Sei que debaixo de tetos, em conforto, há poucos invernos para quem sonha só com o verão. Passam despercebidas as lágrimas dos aflitos, que são em minorias; crianças, jovens, velhos, multidões que para o poder são negados, andam solitários e despercebidos. São negados o direito de viver em liberdade. De sonhar e ver os semelhantes sem maldade. Evoluir para tal num mundo humanizado exige paciência, uma dose de verdade, a vergonha vista, que tão pouca é relembrada.

É fácil vender soluções pelo prazer, fomos vendidos aos estranhos, acordamos tarde, no meio da viagem, para entender aonde estamos indo... nessa Terra devastada e pouco igualitária, onde cada um tenta sobreviver.

São medidos pelo fato de ser ou ter... E a culpa é sempre daqueles que pouco podem.

Sociedade, até quando ferirá os inocentes?

Pela manhã, de pensar que de mim hoje posso ver um horizonte, propor-me ao fim do dia, refazer-me, uma mudança na velha casa, que, de mim, o lado animal não seja o centro das convicções, que nem sei se é real.

Quem viu aquela dor amarga, não esqueceu de onde veio... É um caminho incerto, mas todos podemos sonhar.

Ao voltar pelo caminho devastado dos campos, longe se vai o pensamento; era uma dor imensa, era uma dor humana.

O velho senhor naquele jornal, na manhã fria, não despertou no horário, mas quem se importa?

"Liguem para os socorristas!", exclamava um vendedor local.

Afinal, era em frente ao seu comércio, e aquele homem não acordava!

É um minuto de fama! Está famoso o homem que dorme nos jornais. Seu sono agora é eterno!

A multidão que antes não te via, hoje te vê. Alguns falam que o frio te levou, outros dizem que era a sua idade avançada, e outros, que poderia ter sido diferente. Mas a verdade é que há pouco espaço para quem sonha. Hoje, o poder define o rumo da humanidade.

Teria sido diferente se o calor te aquecesse na madrugada? Se a fome não fosse um pão mendigado? Mas que todos te vissem como um ser humano, e não como pobre coitado.

Seus minutos de fama vão além, é um retrato daqueles que lutam pela comida, pela água, pelo calor que espanta o frio na madrugada. Pelo pouco que ganham, pelos sonhos que tantas vezes são sabotados e abreviados... Sua morte representa o nível que o progresso deixou na estrada, o quanto falta um mundo que caiba todos, até aqueles que não são vistos na sociedade. O socialmente correto nem sempre foi uma verdade.

Beni leu as cartas, ao mar, pisou em terras distantes e conheceu aquilo que tinha guardado dentro de si; lembre-se do velho e seu jornal. Dono daquele barco, parte de sua história...

O retorno

Naquela instância, ao longe se via. Beni, agora mais profundo em si, descobriu, entre tudo que mais valia, que era algo antes distinto, que a simplicidade das coisas não era agora valor, mas a riqueza de estar presente... Tudo não era o mesmo, pois, feito o rio e o mar, tudo mudou, e ele teria de mudar.

Suas dores e curas não poderiam lhe deixar, mas em cada curso percorrido daria de ver o novo, um olhar menos crítico e julgador... A vida nem sempre pede ou exige muito. Para ter algo palpável, é preciso ouvi-la.

Suas cicatrizes são feridas entre acertos e erros, encontro e desencontro; não valia sofrer sem antes viver... Muitos o viam, mas não entendiam onde estavam seus olhos, dizia ver agora com os olhos da alma... Com aqueles que o amavam, não eram muitos que entendiam o ritmo da dança na qual dançou na chuva. Ele não fazia barulho, mas tinha o gosto simples, de existir.

O retorno era apenas um dia qualquer, porém não tinha prazo, mas prazer. Teria ele achado a chave dos segredos da vida? Onde estaria esse mistério?

Aquele dia sorriu, sorriu, sorriu, pois ele viu algo maior... Suas coisas simples eram as melhores! Não tinha o tempo, nem o tempo o tinha.

Não era algo a ser mantido? Buscou o toque da brisa, o cheiro da floresta, o encanto das flores, as aves cantoras, o riso fácil, a felicidade abundante, aquilo que vem de dentro e espalha beleza ao mundo. Ele deu voltas ao mundo e se encontrou novamente. Aquele dia se tornou mais que um dia qualquer, era a vida o chamando para um encontro, onde viver é existir.

Corre, venha ver! Escreva esta obra com as tintas da alma e viva como se não houvesse amanhã! Precisamos tantos de nós, que às vezes esquecemos.

Outro dia não sabemos, outro dia é distante, outro dia escapou entre os dedos, outro dia talvez não chegue quando não vivemos o presente.

Outro dia nada resta, senão vagas lembranças de uma vida que chegou distraída e nos chamou para brincar igual crianças livres; o mistério é ver! Nem tudo precisamos, tem coisas que precisamos deixar. Tem coisas que não valem o nosso tempo, tampouco dor e sofrimento... A vida requer algo maior, que é olhar para si com o mesmo amor, e nunca esquecer de quem somos.

Beni retornou feito uma ave posando em um pequeno galho. Tinha agora suas escolhas e suas marcas de quem era aquele ser; o indomável destino cruzou diante de seus olhos. Nas rédeas de sua vida, fez do velho o novo.

"Começamos", dizia ele. "Onde estaria nossa pequena luz?"

Voltar para casa e se aconchegar, se aquecer do que é bom. Parece-me menos misteriosa a vida, ser feliz é isso! Não ter pressa de existir, pois o tempo já cobra demais.

Voltaria a ser menos mal para mim... Viveria antes de abreviar, metades das dores curaria, seria como não lastimar o tempo que se foi... mas como uma criança livre, apenas brinca com a arte da vida.

Retornou o jovem Beni de uma viagem. Ele levava consigo o peso do remorso da vida; o tempo foi implacável consigo, o tornou um adulto longe de casa.

Dizia a ele a si:

"Quem esteve presente quando o coração estava distante?"

"Quem amou a indiferença quando não tinha nada de útil?"

"Quem viu as flores, os bosques verdes e o cantar das aves?"

"Quem foi amante da vida, que amou um amor livre?"

"Qual foi o pecado?"

Quando tudo é possível, mas vivemos escravizados? Enjaulados, reféns numa caixinha pequena, onde um dia a perderemos sem saber o gosto da vida amada.

Retornou de longe o marinheiro. Agora pode ser simples, talvez não sendo o outro de antes.

O homem que aprende consigo, com as dores, torna-se sábio... para não ser o mesmo de antes.

Vista seu traje, alimente a alma daquilo que é bom, se liberte. No caminho, vês tu a luz além dos vales?

Para o retorno, voltar ao tempo é visitar as ruínas que não existem mais... e mesmo assim é preciso cavar profundo, até que saia um pensamento, ou uma ideia de fazer e agir diferente...

Quem será o aventureiro da própria realidade? Por que assusta a verdade? Por que dói entender o passado?

Por que o mundo não vive uma vida que é dada?

Por que ainda tem guerras em favor de nada?

Porque choramos, e a vida humana parece distante?

Quem são os estranhos que habitam em nós?

Quem estendeu a mão e saciou a sede de alguém sem pedir nada?

O bem toca o coração, além de mil palavras.

Dizia ele a si:

"A vida começa quando decidimos caminhar na estrada e é simples entender o valor do tempo, quando despertamos para a realidade."

"A vida flui de dentro para fora, almas humanas se encontram nos leves momentos, que simplesmente acontecem."

Sentou-se na areia diante do mar. Lenia fixou seus olhos em Beni e disse:

— És de ti a quem cabe seguir. Talvez as respostas certas não existam para quem não sabe aonde quiseras chegar. Aonde iremos depois do mar?

O que diremos ao mundo que vimos, quem teve a leveza de respirar... Quem contará a história de dois seres andantes ao mar?

Quem verá que a vida começa quando decidimos andar, quando os corações pulsam e todos estão no mesmo barco, a ponto de um naufrágio... Onde somente o bem reside, e que ninguém escapa das ações. Onde estarão nossos pés ao amanhecer? Quem fará parte da nossa história? Onde se perdemos e onde nos encontramos?

Quem teve a leveza de espírito de entender que o mundo humano é feito de seres e pessoas, que o bem maior é cuidar da nossa casa?

Beni, talvez esse seja o lema de um mundo cheio de vazio, de perguntas, dúvidas e respostas. Talvez seja tão humano quanto muitos são, sensível, doce e amável, perante um mundo rancoroso e triste... Onde a humanidade evoluiu para o acaso e a vida tem sido dirigida sem sentido... Esquecemos que ao voltar para casa em segurança e abrigo, podemos ver que as chamas vivas que aquecem nossas vidas requerem que ao menos sonhamos e vivemos da forma mais simples de ser, ou seja, ser nós mesmos no avesso de nossas vidas e existência.

Os seduzidos

Seremos seduzidos, não maleáveis. Nos tornamos coisas... é preciso calma para compreender.

Nas vagas promessas, a quem estamos enganando? Sobretudo, de nada adianta dizer "eis-me aqui" quando nos dispersamos igual pó ao vento, tão longes.

Seres desse mundo fostes seduzidos? Olhando o curso de suas histórias? Aquele riso leve depois de muito tempo?

Seduzidos pelo jeito genial, que cada um inventa e pretende viver seus dias. Alguém avisa aí que todos compõem suas histórias sem pôr ponto final, por momento, por favor... Não há começo antes do fim!

Entre e deixe que o seduzido desse breve momento faça a sua parte de então vivê-la. Não há normas para cada instante. Somos um dilema quando andamos sem propósito.

Por que me aparece atraente aquilo que me afasta? Minha mente repousa naquilo que me torna menos propensos aos antigos erros! Não há como fugir, não existem caminhos fáceis... Ir ao encontro ao que de mim flui é a busca contínua.

Somos seduzidos a quebrar nossas ilusões. Deixar ir não significa perder... nunca perdemos o que nunca tivemos de verdade. Na nossa vida só permanece aquilo que vale a pena ficar!

Pela manhã, acordará o olhar seduzido pelos desejos inclusos numa caixa pequena onde cada sonho cabe; guardamos tantos que esquecemos de vivê-los.

Seria essa a sedução da vida?

Onde encontramos o riso onde só há choro? Alegria onde só há dor? A felicidade, a paz, e tudo que almejamos? Seria a vida isso?

As folhas de uma nova estação entre a floresta densa mudaram de cor, estão alheias às críticas, surdas para o mundo.

Viemos na aurora, na estação de um belo dia de acordar e já não ser mais os mesmos!

Uma meia para cada sapato, uma fórmula pronta para cada crise; quem disse que seria fácil ao ver o topo do mundo?

Medidas não cabem no coração que transborda!

De onde vieram tantos pensamentos? Por acaso se feriste novamente?

Posso dizer-lhes que a vida não exige muito, apenas coisas simples e bons momentos... É um erro a diminuir.

Títulos, papeis, boa pinta, quem quero impressionar dessa vez? Para quem contarei a próxima mentira acerca de mim?

Foram trazidos tantas que hoje não posso carregá-las; tornou-se leve quando as deixei.

Teria o gozo de dizer que cada mero momento foi vivido da forma mais simples ou diria a mim que tentei e isso é o bastante por hoje? Descanso a mente ou penso? Me torturo mais um pouco? Quem saberá onde viajam os pensamentos?

O desejo pela busca nos leva longe demais, nos tornamos distantes do presente perto do abismo.

Ausentes em nossa casa, estranhos em nós, o sofrimento é um degrau que nenhuma alma deveria viver; ao menos não levá-lo pela vida adiante.

Qualquer um escolhe seus medos, mas todos podem os superar. É como dar o primeiro passo e mergulhar profundamente, não sabemos onde os encontrar, onde se escondem, mas podemos entender suas formas de existência e o que os alimenta.

Como não ser meros seres dominados por desejos e incertezas desestimulantes?!

O remédio da alma é o encontro consigo!

Somos seduzidos por desejos e atritos que não podemos controlar; amor, alegria, felicidade, raiva, medo; mas quem terá a certeza de algo, ou de alguma coisa, se não tentamos ao menos algo?

Pelo princípio daquele passado esquecido numa caixa pequena, um dia teremos que buscar a arte do sentido para conseguir sobreviver.

— Somos seduzidos — dizia Beni no sofá, lendo um clássico folheto e imaginando o que viria adiante...

— Todavia, viria a ser entre as rupturas o mais massivo por dizer: "erramos aprendendo!" — exclamava ele.

Valor atribuído

De tantos, de tudo e de todos, o que deixamos nos corações alheios além de nós, é aquilo que já reside em nós. Só oferecemos aquilo que está dentro do nosso ser. Espalhar vida é entender que não somos e não estamos sozinhos. Existem almas iguais de corações puros pelo prazer de fazer o bem, mesmo sem receber. São esses que entenderam que a vida é compartilhar o mesmo mundo, ser filhos do mesmo sol, voltar ao seio da mãe Terra. Todos caminham, mas o que deixamos é eterno! Oferte e plante a alegria, o calor da vida humana e a solidariedade. Viver em paz não é raro.

O valor atribuído hoje é seu, outro dia, pelas circunstâncias da vida, é nosso. Aquilo que retorna vem em forma pequena, porém duradoura; não esquecemos de quem nos deu as mãos sem pedir nada e os mesmos merecem uma vida longa em nossos corações, talvez uma morada eterna em nossas vidas. Não podemos esquecer que tudo que vai, volta, não podemos perder aquilo que é precioso.

Precioso é aquilo que temos; a quem amar, ser amado; valioso é ter a certeza de que nada temos, mas valeu estar aqui com aqueles que confiaram e nos ofereceram seu amor, transbordaram nossas vidas com o olhar a dizer "estou aqui! Que bom lhe encontrar neste mundo!".

Viste o valor atribuído? Entendestes que não é preciso de muito? Coisas, meus amigos, não nos faz!

É bom ver o tempo e saber com ele que caminhamos de mãos dadas, que nossos passos não foram em vão, que alguém se lembra das coisas pequenas; são os nossos detalhes que nos torna únicos, do tamanho do universo.

O valor atribuído não estará na plateia, não haverá uma comemoração, será o riso de alguém assolado, desamparado. O valor atribuído jamais será aquele dinheiro, ouro ou prata que o homem compraria, é algo maior, talvez um sorriso, a alegria de viver e reviver novamente. São as pequenas atitudes que transformaram o mundo; as tardes podem ser solitárias, jamais saberemos por onde andara o coração de alguém. Que mundo é esse? É mais fácil ver defeitos do que achar solução. Quem muito me amou, não amei... quem teve seu valor, não foi reconhecido, assim é a lógica de um mundo estranho, pouco plausível.

Há quem soubesse de quantas almas somos feitos, sem desprezar nenhuma!

Há o que é certo e o que é errado... O bem e o mal sempre existem, mas esperamos que ainda dê tempo de ver a vida diante de nossos olhos, além do medo. São ilhas de medos o remorso, um tempo que não temos mais.

Paramos diante das incapacidades, nos julgamos sem saber que demos o melhor; por tantos infortúnios da vida, esquecemos quem somos e onde queremos ir.

Sabe aquela luz que brilha no olhar? É a mesma que nos chama. Ela brilha para que não nos esqueçamos que ainda está aqui, que o coração pulsa.

O outro é melhor, não tem comparação! Uma tortura, no olhar julgador de nossa existência... vês como dói?

Aceitamos migalhas, abraçamos o caos tomando uma dose para cada mal, tentando salvar tudo e todos nos naufragando em nossa existência, perdendo a cada dia um pouco de nós. O brilho existente e nossos infortúnios estão lá, nos rondando, sofremos tanto? Sim! Sem sequer ter por vezes vivido nada! Tão pouco sabemos de nós perante um mundo incerto que nos abrange.

Se podemos mudar e sofrer, que ao menos tenham motivos para então vivê-los. Vale tudo aqui, menos não ter um sentido.

Qual é o valor que damos a uma alma que emerge de dentro de nós? Teria a leveza de uma leve brisa que o vento trouxe?

O estranho de fora não entenderia que seus caminhos foram erguidos nos fogos que lhe queimaram, no qual cruzastes de olhos fechados. Não se cobre no silêncio, não se sinta culpado.

Viemos ser breves para nos encontrar em essência, como quem é próximo de nós, que nos mostra aquilo que está bem perto de nossos corações, que um dia estava afastado.

Ao tocar uma alma, leve a leveza de espírito para jamais ser esquecido. Se o mundo não vive, precioso é o tempo de se encontrar. Busque o melhor de ti, caminhe com quem compreendeu que a vida é seguir adiante, mesmo nos fogos que queimaram nossos pés, mesmo com as incertezas não compreendidas e os choros guardados.

Mesmo nos dias que achastes não conseguir, teve ânimo de recomeçar mesmo quebrado por dentro; ressurgindo entre as névoas da vida, teve ânimo de recomeçar e fostes grande aqueles dias!

Com um espírito livre, desbravaste entre aqueles que não conhecem de onde tu vens e da força de se levantar ao alvorecer.

Entre viver e existir, fizestes de cada choro o último cair das lágrimas, para transbordar a vida, o sentido de viver e o presente.

Talvez muitos não compreendam seu silêncio, pois para pouco mostrastes teu mistério.

O gozo da vida é estar com aqueles que nos fizeram bem nos piores momentos...

Chamas dançantes

Nossas vidas, nossas escolhas, nossos caminhos e nossas moradas são chamas que nascem e florescem na primavera do jardim de nossas vidas.

Cultivamos as nossas chamas existenciais como abelhinhas em campos, produzindo seu mel. Cada gota representa uma vida. Não podemos desperdiçá-la, pois é valiosa. As chamas acendidas da vida são algo raro, entre milhares, nos tornamos únicos.

As chamas dançantes estão vivas dentro de cada um. O último a cair pode ser o primeiro a erguer-se, não podemos salvar todos, às vezes, salvar a nós é o bastante. É preciso um pouco de cada um, para um dia mal... se nossos passos estiverem na mesma direção, pelo propósito, elevamos a si. A vida é o tempo que temos!

Caro leitor, os emblemas marcados do passado não podem ser a visão de um novo mundo, onde escondemos nosso melhor.

Há dias em que não queremos nem ter visto o mal agouro que é reinventar-se entre os escombros da vida; dá trabalho rever o passado, mas quão admissível é o presente?

Tudo parece uma dose de destilado, o amargo tende a convencer que o amor é algo pequeno, que os sentimentos nada fazem sentido, mais adiante, buscar equilíbrio numa existência fria que nos assombra é caminhar na luz do novo; não viemos ao acaso, por dor viemos para dizer ao mundo ao menos quem somos.

Uma espécie de mistério na história humana... quem encontrou a dita fórmula para a felicidade? Certamente, seria o maior gênio da atualidade, todos viveriam em paz!

O barulho das chamas que dançaram na eternidade da vida é o mesmo no qual cruzamos nossos emaranhados e não tecidos momentos de vida, que deixamos de não viver.

Um dia acordamos no abismo, no outro, no paraíso. Quais serão as regras da satisfação?

É ver que a vida é o fluxo que corre, não sendo o mesmo de ontem, mas além do tempo que aparece para nos visitar, onde gastamos as chamas de nossa existência? Quem sabe onde se foi a dança na qual cruzastes entre viver e existir?

Há uma longa ponte nos caminhos da vida, há tantos lugares a serem conhecidos, há muitos de nós a serem descobertos, e tão pouco sabemos.

Dado tal maneira, certos dias olharemos a penumbra de nossa existência e não reconheceremos quem éramos, senão uma luz apagada!

É hora das chamas que dançam acenderem as névoas do passado. Ficar onde nossos sentidos não sejam amortecidos e nossas vidas sejam além de tudo um começo, surpreenda-se pela vastidão do mundo.

Beni leu naquele dia nas linhas em branco de um papel; dariam um livro seus pensamentos, uma história ao mundo? Quem parou para ver que a vida é menos misteriosa, quando a deixamos acontecer?

— Reinventou-se. — Suspirou baixinho.

Lenia, como quem queria apenas pôr na gaveta da lembrança, de um recorte, um jornal de ocasião, agora, páginas anteriores, de onde surgistes uma audácia de viver mais um pouco e ir aos confins do mundo, como ventos a agitar as pequenas folhas.

Somos rastros, as pegadas na areia deixamos. Tudo em seu tempo acontece... assim, guardaria diante do mundo as suas pegadas? Ou veria adiante, no horizonte, a luz que acende suas chamas de existir?

Quem teve a humildade de olhar ao outro sem maldade, de fazer o bem, compreendeu o que é a humanidade que esteve sempre em casa. E que podemos fazer desse tempo de nossas vidas, nesta era, um novo começo.

Além do fato de simplesmente existir, dividimos o amor que ainda a vida rege, e nos faz humildes e tão próximos em nossa morada. O naufrágio sempre esteve próximo, mergulhar na vida é unir forças... Naquela terra não mapeada, houve conflitos entre ser ou não alguma coisa.

Restava, além da ausência, o calor humano que saía das veias dos sentimentos, nas quais principiavam algo maior. Era uma vida tão distante desabrochando no mar remoto, unida pela sutileza branda de um olhar. Beni agora entendeu que a vida adiante é feita de pessoas e seres humanos e que cada gota de água no pequeno barco pode ser o fim não do outro, mas de si.

Dizia ele aos quatros ventos do mundo:

> — Acredito que o fim nunca esteve tão presente. Um mundo se intera de ser algo. Enquanto isso, diante de seus olhos corre uma vida.

Sua morada depende das ações, o tempo precioso corre nas palmas de nossas mãos. Se o ódio reinar nesta terra, aflições, guerras e interesses individuais não irão vingar nessa terra assolada muitos de nós.

Hoje, no avante da vida, Beni olhou para Lenia, a garota estranha que um dia conhecerá o desconhecido ao acaso ou destino. Remaram então mundo afora, cuidaram de cada gota que no barco emergia. Juntos âncoras soltaram e venceram, se não a muitos, a si próprios. Não houve naufrágio incerto, mesmo no medo do amanhã, na fuga do presente, do remorso do passado.

Um dia é uma eternidade, para horas a menos nenhum ser vivente compreendeu tanto o valor entre unir-se e dividir-se. Estamos todos vulneráveis em um barco!

Nunca houve ato tanto como herói, de refazer a trilha nos caminhos descontentes, onde a vida ainda é feita do calor de muita gente. Saber disso não torna melhores, mas nos tornamos reis em nossa morada e senhores em nossa casa... Nos elevamos a andar juntos.

Muitos se ocupam de erguer impérios em meio às fumaças, outros, tentam apenas sobreviver com as forças que lhes restam.

— O mundo é um barco, querido Beni! — dizia Lenia.

O pão de uma mesa farta é o sonho de muitos, a cura de uma doença, a paz de uma casa, a vida, a saúde e o tempo são o dever que temos que fazer em casa. Temos o mundo diante de nossos olhos e pensamos não ter. Nos deixamos se magoar, mais uma vez nos ferimos.

Lutamos como nunca e no fim nos perdemos mundo adentro, esquecemos de nós e da fonte da vida que cabe dentro da compreensão humana que reside em cada um.

Teria o tempo tempo para a viagem? A pequena luz ao alvorecer fostes mais bela e iluminada pelo presente.

Deixamos no coração de alguém um pouquinho de nós.

— Hoje, querido Beni, dançaremos, beberemos e saudemos a vida, nossos sonhos e nossos sentimentos. No barco diante desta vida, nos abraçamos, nos amamos como se não houvesse amanhã no qual não cabe um ponto final, mas o ponto para um novo começo...

— Olha veja, Lenia, de pouquinho, ajuntamos estrelas para nossos olhos iluminarem e semeamos o bem. Não somos os mesmos, nem almejamos retornar. Seguiremos na contramão dos alheios, dos corações de pedras, do homem insano... Eles vencem uma guerra, pelo medo e infâmia... a realidade só não é mais dura porque sonhamos.

Temos a natureza de repetir os velhos caminhos e esquecemos de trilhar os novos horizontes.

Mas hoje no mundo profundo em que vivemos, escolher amar e ter onde pisar é a ponte entre nossos semelhantes, capaz de reencontrar-se sem medo de serem quem são!

Livres, sem o muro que divide além de nossas cercas, nosso mundo é feito de algo maior, talvez as respostas que buscamos entre a dúvida que percorremos ao longo de nossas vidas sejam o amor, que nos falta resgatar. É o caminho nas névoas que nos encobre antes de sermos inquilinos em nossa própria morada, onde nosso barco se perderá na distância mundo afora. Nossas moradas, nossas casas e nossas vidas são sempre saber unir feitos filhos do amanhã!

Precisamos de um mundo onde se sonha, se vive e que todos caibam nele, sem o julgo cansativo de nossos fardos, onde certo dia somos nascidos e erguidos no mesmo pôr do Sol, querida Lenia!

Noites frias, presos em saudades

Numa manhã de junho, caminhava na avenida solitária com o peso do mundo. Eram saudades enterradas, desprezo de um tempo que não voltava, apenas o sentia. Era descontrolado passar entre as névoas e as sombras e ainda as reviver... Nos olhos estranhos cabem saudades infinitas de um momento que não retorna; onde fostes nossos dias? Milhões de ideias e caminhos, e apenas um é o certo... Quem muito se encontrou, pode ao menos sonhar.

Olhava perdido um solitário ser, seria como quem deseja que nunca se findasse um simples momento, que valeu estar nos corações alheios de almas iguais.

Era uma saudade agora maior, saudade da vida, daqueles que fizeram história e deixaram suas lembranças, como pegadas na areia de um grande mar.

"Não chores", dizia.

O contraste de alguém que muito tentou desvendar os segredos, que são agora pesos de paia perante a clareza de um mundo... resumir a história talvez seja a escolha correta. Deixar fluir é ser livre para resistir e tornar a respirar novamente...

Na vastidão da pequena luz, chegaste de mansinho. Entre ser e existir, o lamentar da vida agora é não saber onde estamos. Buscar se conhecer é descobrir mais que folhas ao vento, somos humanos, não podemos fazer brotar as rosas nas estações frias, mas podemos esperar seu florir.

Ciclos da vida se fecham, outros nascem, e o que nós fazemos com eles? Quem ouviu pela manhã o tocar da música e chorou ao fim de tarde com seus prantos?

Noites frias são como nuvens à espera da luz escondida depois das montanhas. Poderíamos tocar o horizonte com a ponta dos dedos, se ao menos sonhássemos, se, devagarinho, aprendêssemos a caminhar novamente, entenderíamos de forma simples a magia de poder ver novamente sem olhos vedados para a realidade.

Da vida, viver um dia a cada vez. Um dia a menos é uma conta que talvez não feche, no calendário do tempo temos pressa, magoamos quem está sempre presente ou nós mesmos por meio da dúvida; subestimamos a grandeza que reside em nós e o conjunto de nossa existência. Não há normas para a felicidade àqueles que em um dia de outono sonharam pela recém-chegada primavera.

Na balança do mundo no jogo desigual, saber perder é saber ganhar. Se perdeste, logo, nunca o tiveste. Contam-se as cores do arco-íris ao cruzar o sereno?

Jamais haveria uma saudade intensa se o amor perder o encanto, se a admiração fores breve acaso, se a vida fores um resumo, se a gente esquece que ainda está aqui, que a vida é rara e preciosa, que voltamos a ser breves no seio da terra. Mas, até lá retornamos às lembranças boas no imaginário, e aos cativantes momentos em que de fato existimos.

Seria a luz do mundo do amanhã a estrada não percorrida? Quem éramos minutos passados?

Qual voz do mundo ressoa dentro de ti? Acasos os seus medos não foram a vontade de viver? Ser quem é?

Pesadelos da noite fria viram cinzas ao amanhecer. A fonte da vida é saber saciar a sede de nossas almas, e por fim, saber estar onde a luz nunca deixou de existir; a branda luz de nosso olhar nunca perdeu seu brilho.

Podemos decidir entre o mover-se, há tantas noites frias, algumas solitárias... Coisas irreais, sentimentos que ferem... Deus, há tantos solitários!

A saudade é sorrateira... Chega de mansinho e nos devora. Algumas são eternas, outras, passageiras, algumas marcam, outras, fazemos questões de esquecê-las.

Numa noite, o espírito não descansa. Isso pode ser o desprazer por aquilo que está distante, mas tudo está ao alcance, porém preferimos aventuras entre espinhos.

Não daria algo maior a ti? Um pouco de paz é o suficiente... a felicidade vem sem fazer barulho, ela simplesmente acontece!

Naquela noite, ao longe, de certa forma, segurando nas mãos coisas que não chegaram em lugar algum, são dúvidas!

Um convite aos ouvidos era menos misterioso, agora, gentil, preso em saudades; são coisas inseparáveis, mas que muitas vezes devemos enterrar para não mais sofrer. Onde estariam os nossos corações presentes?

Ela chega e vai, e nós aonde iremos? Não pedimos muito, apenas um pouco de nós, mas por quê escolhemos a dor do que a alegria? Tem tantas formas de viver!

Há um peso que realmente vale a pena, o sentido pelos quais tudo é possível, o intenso que vale a pena reviver. Encontrar-se novamente é um mergulho individual!

Certa manhã, tirei, de uma folha, os sinais do tempo, e pairaram como quem respira; não! Dizia: — Não! Imaginamos as voltas que o mundo dá, um dia tudo retorna!

Era uma verdade na qual se gloriar não é um fardo terrível, é não saber. Chegue mais perto, alimente seu espírito do que é bom e não terás que correr entre aquilo que parece distante.

Teriam as folhinhas algo maior? Quem sabe alguém fale que elas caíram, mas retornarão em forma de vida outra vez! Podemos ter nosso encanto por coisas livres. Somos criaturas movidas pelo desejo que é bom, dure um pouco mais.

Não estaríamos certos ou errados, amar é perdoar! Seguir entre a multidão dos solitários, ter uma vida, ao menos mais gentil. Mesmo muitos não compreendendo quem somos, dar uma voz ao mundo é tornar a alegria de alguém.

As folhas que eram amarelas, tornaram-se cor de terra. Nutriam os frutos e tinham sabor doces... Quando as vejo tocadas pelo Sol, não são árvores ou frutos, são vida! Teria algo mais belo? O ser humano precisa de si, ele vive sem saber...

As noites frias, preso em saudades, é um fascínio pelo perigo, por quê magoar-se? Eleve seus olhos para si e contemple, pois está aqui tudo o que precisa.

Então, as sombras de uma noite se dispersarão... Daria como certo o que reside em ti e encanta o mundo...

Folhas que caíste revivestes, são como lembranças ao esquecimento, tiveram seus dias, mas os tornaram únicos.

Quem teria esse gosto? Quando o coração está distante? O corpo tremia, os cabelos dançavam ao ar, refazer-se agora é preciso! A dor também pode ser a nossa cura.

Quando menos esperamos, mais recebemos. Nada é em vão...

Sonhos adiados

Adiados eram os sonhos como quem guarda para si, escondido, na espera de que haja esperança, a qual nunca chega. Agora, faz sentido mais adiante deixar para trás o peso do mundo e aquilo que não podemos controlar. Deixar o velho para o novo, e entre tudo e todos escolher somente o que importa, o que não cansa, e o que não custa nossa simplicidade de existir.

Convidado para o banquete, Beni agora pode sentar-se à mesa... Ele era o convidado especial, saudavam com palmas, diziam que ele era agora era conhecido pelas bancas de jornais, era famoso por ser um sobrevivente, que de suas palavras havia flechas para tocar os corações e mover os céus para o encontro do amanhã. Era humano, entendia quão profundo era a existência, quais margens de um rio se banhavam ao mar.

Pensando aonde iria pôr os pés naqueles instantes, olhou para Lenia, agora, a figura central das atenções. Ela tecia palavras mágicas e encantadoras. Falar do passado causava estranheza, era necessário um pingo de sabedoria e centenas de descobertas.

— Onde começaremos um novo capítulo dessa história? Haverá quem as conte? Quais são os personagens? É real o que vivemos e sentimos?

Da tragédia de onde viemos, do mar remoto, não havia onde se agarrar, era a distância do presente a única certeza que restava. "Continuemos ao amanhecer", dizia Lenia.

São multidões de ausentes desamparados que caminham a lugar algum. Deixamos de lado o que de fato importa, mergulhando em buscas incessantes pela felicidade que corre e voa... Seria como um drink o prazer momentâneo, porém jamais saciaria a sede interior.

Talvez, cada um veja com os olhos aquilo que o coração suporta. As desilusões da vida nos tornam um pouco frios e distantes da realidade que nos cerca. Fugimos entre as montanhas cinzas de um passado para ver um tempo que já não temos mais.

Caros amigos, hoje somos conhecidos como os loucos, os solitários, os estranhos, onde fomos metades sendo inteiros e completos, pela vida adiante, lutando para sobreviver, domando a fera solta de nossa existência, carregando lutas e dando voz aos monstros.

Há de se respirar no abraço, contar cada segundo e viver como nunca teríamos. — A chance de ter onde pisar e buscar fora o que está dentro de cada um é a mais dura forma de se amar, tampouco amar o próximo; somos o reflexo que habita em nós...

Situou naquele ambiente o silêncio, agora tinha voz, não mais interrompido pela pressa.

Imagens que não são as nossas marcas e nossas vidas estão em todos os cantos. — Cansa não ter identidade, a existência é fria, mas podemos aprender, não teremos todas as respostas, mas podemos ter um norte, como estrelas cintilantes em meio ao caos.

Nossa natureza pede calma, aprender a ouvir, sentir o gosto, o prazer presente é encontrar-se mesmo distantes, ilhados e confusos. Podemos dar vida agora não aos medos mediante o mundo, mas à razão de rir novamente.

Sonhos um dia chegam, e no outro vão embora. Tudo muda, mudamos de rota, de ideias, de pensamento e de ações.-Reconstruir a ponte entre nossas incertezas é entender que não podemos controlar o que não está em nosso alcance e em nosso domínio, mas podemos erguer nossas fundações nas raízes profundas de nossa existência.

Estar aberto ao novo é possuir sem ter, deixar fluir de dentro para fora, mediante aos escombros da vida na qual nossas mãos se unem pelo mesmo objetivo. Nessa terra que pisamos, deixamos rastros que um dia voltam para nós.

Quem tiverdes a leveza de entender seu mundo interior lhe amará além de corpo. Beni agora entendeu que é de amor que somos feitos, que o Sol brilha e reina até para os mortos, que cada um pode dar uma chance a si, que o tedioso tempo faz sentido quando o temos; talvez não haja fórmula perfeita, mas o remédio da alma é a dose de ter tido algo maior além de pertencimento, é ser a luz. Em terras estranhas, viveu, amou, doou além de si a humildade de rir com quem gostamos, e teve o prazer de nossa presença.

São esses os seres valiosos e inegociáveis. Não há valor para almas humanas, uma vida construída nesse era perante esse tempo é a assinatura perfeita de um grande arquiteto.

Adiamos nossos sonhos, os desfazendo, por acharmos que a capacidade que temos não é o suficiente, enquanto isso, mina nos nossos olhos as aflições e o sentimento de desamparo.

Já choramos ao nascer, o mundo deve ser um lugar de experiência e conexão com o melhor que habita em nós.

Hoje, temos o presente, caro Beni.

— Há coisas, Lenia, que abraçamos de olhos fechados, ter onde pôr os pés depois de um naufrágio e ver entre as brumas que se está de coração presente. Os sentimentos vivos dentro da gente esperando para nascer são trazidos como brisas tocando o rosto ao amanhecer. Me aqueço por tudo, e mesmo sendo tão pequeno, posso retornar às velhas manias de ser quem era: livre de tudo o que nos distancia e nos tira do olhar aquecido de ter o tempo para o sonho.

Lua cheia

Tocava a lua, surgindo ao horizonte. Dessa vez, tinha brilho, era diferente. Havia alegria que dispersava ao ar onde a escuridão agora não assustava. Estar em casa fazia bem. Mesmo que fostes um viajante solitário, Beni agora tinha convicções de que pouco sabia da vida, mas que poderia ver a vida com os olhos da alma. A lua cheia era um farol distante, mostrando nos céus seus rastros, nos quais poderia agora cruzar sem os velhos medos e sem as dores das velhas cicatrizes. Sua juventude antes tirada poderia hoje ser o grito da liberdade nos estados, mais alto da bandeira aprumada.

Era a lua meiga que surgia no céu dos poetas, dos artistas, dos aventureiros, daqueles que ao reinventar-se, puderam na vastidão das estrelas tocar solos antes não mapeados, com o gozo de acender perante o mundo que sucumbia às chamas dançantes do seu interior.

Ao som das águas, cachoeiras que iam ao mar trouxeram aos ouvidos dos grandes aventureiros que o melhor de cada um sempre foi uma nova história.

Eram filhos regidos que não levam guerras aos corações de paz, e mais que isso, entenderam que acima há um infinito sobre qual puderam sonhar.

Que o passado não importa, que o futuro é um paradoxo, e o presente é o que temos.

Era o suficiente, ver detalhes antes distantes. Mesmos nos pequenos passos, que um dia puderam dar, sendo o ato heroico que provou a si é que o fim é um começo.

No romper daqueles instantes, o céu azul e estrelado tinha a lua meiga, não estava só quem sonhava, pois os céus os visitavam.

As águas não voltavam ao encontro de um beijo doce do sal do mar!

Com o encontrar do coração, agora descolado, os olhos brilham e a vida surge como quem diz a última palavra não dita, mas fala mais que além de pecados, o amor não implora, tampouco fere e machuca, ele condena a liberdade.

Era a lua cheia que vinha sobre os telhados, muitos dormiam, mas Beni agora sonhava acordado e levava consigo seus amores distantes, que ele acolhia em seus braços. Era tímido, falava baixo, tinha um coração generoso e bonito, mesmo ferido e tinha fé na humanidade, acreditava que depois da tempestade haveria abundância, e que todos teriam na mesa um pão molhado e um coração cheio de tudo que era necessário.

Acreditava que ninguém veio a esse plano para sofrer e lamentar com o cair das últimas lágrimas. Todos eram irmãos numa Terra devastada pela indiferença, e o tal amor, antes abandonado, era, agora, uma página escrita no pilar da humanidade.

Era a ponte de construir vidas diante do olhar humano, além de nossos pés, além de cinzas que escondiam nossa verdadeira face, e a vida vivida agora sem amarras.

A lua cristalina cabia na palma da mão, assim como gotas pequenas podiam transbordar os céus. Naquele singelo dia nasceu o desejo de amar, de sentir o calor humano sem maldade, ou satisfação, mas o desejo de despertar o riso leve e a poesia das palavras antes guardadas.

Muitos o viam como um estranho ao fim das tardes, a andar solitário, mas para muitos ele abriu o coração, para outros, se escondeu e ficou calado. Era feito de carne e seu coração sangrava pela maldade de coisas desumanas que distanciam a humanidade.

Ao contrário do barulho, gostava de seu sofá, da natureza, da vida, e daqueles que amava.

Já teve desamores e uma taça de destilado, hoje, prefere o gosto da vida amada. Hoje, entre as noites, senta-se sobre a velha cadeira e vê a vida que diante de seus olhos passa.

Sem serem perdidas suas pegadas, muitos diriam que a lua e ele tem um caso, pois seu coração pulsa acelerado e o universo ao infinito agora ilumina seus passos.

Beni se fez presente, com o rosto descoberto, filho da terra da mãe natureza. Era entre muitos sonhos, esperançoso. Embora a vida lhe afugentasse, estaria amando coisas simples, que não levavam peso, mas bondade de coisas bonitas.

Estradas e escolhas

"Vá devagar, o tempo passará!". Poderíamos escrever isso? Que tal, então, ser mais que isso? Ser paciente assusta a velocidade, sabia? Quem diria isso em um dia comum qualquer? Eu vos direi: estradas e escolhas não mudarão o curso de nossas vidas, pois somente nós podemos mudá-lo. Tudo o que volta ou tudo o que vai são por nossas causas e ações. Neste mundo, ninguém é de ninguém! Somos completos por natureza; queria assim a Mãe Natureza: somos donos de nossos destinos.

Se tivéssemos domínio, ninguém partiria, ninguém sofreria, ninguém nos deixaria, ninguém nos feriria. Mas, assim sempre foi e será: há coisas que ninguém conhece, ninguém controla. Há coisas que virão ao nosso encontro, e é preciso resistir à tentação de não se sucumbir dia após dia.

Dispersava no vento, agora adiante, o aquecer de um dia, caminhos de casa, do abrigo da segurança; e, entre os caminhos, antes distantes talvez fossem, o chocante de como tudo era novo; o cheiro, o gosto, o prazer presentes.

Onde guardou o seu melhor?

Entre as sementes regadas, tiveram aquelas que não nasceram. Mesmo assim, recebestes o mesmo amor. Seria um desprezo condená-las?

Certamente teríamos a esperança de um novo resultado. Que bom se, por ventura, pudesse anular os resultados. Na vida, nem tudo é como parece, mas podemos fazer com que cada pequena ação de fruto gere um novo resultado.

Queremos ter ou ser, esquecemos de nós mesmos por intermédio daquilo que nos consome.

Atribuindo a queda de permanecer como uma semente não germinada, o fato é: quem somos? Aonde estamos indo tão apressados? Seria a era do desconsolo estar no mundo sem estar em casa?

Nós nos tornamos coisas; somos consumidos, dopados pela vida que não vivemos, escolhendo, sem querer, uma nova prisão para nossos medos.

Meus caros, certo dia poderemos ver apenas os fragmentos de nossa existência caso não encontremos o caminho e a segurança daquilo que modifica a nossa existência e o que nos motiva a estar aqui hoje.

Se tu soubesses o valor que expande em suas veias e em seu fôlego, sendo mais que mera lembrança ou existência, perceberia que o seu propósito é como o nascer das sementes que, mesmo ao tempo, deram abrigo à vida.

Na vastidão remota, seria aquilo que tens e que move a roda desta era. Busquemos entre nossos rastros o caminho na curvatura distante de um amanhã.

É possível estarmos atentos ao nos moldar por uma realidade. Façamos, então, o dever de casa: ver com a face, sem os muros de dúvidas que erguemos ao longo da vida.

Sempre estamos dispostos a abrir as portas para o novo. Contudo, mesmo assim, paira as sombras que nos acompanham, sendo elas dezenas e milhares, mas tudo sempre foi uma nova e extraordinária experiência: às vezes, dolorosa; às vezes, a mais sublime forma de existir.

Queremos que nada saia do eixo, mas as rodas desta era têm uma tendência de nos provar, levando-nos por vezes despreparados, sendo incapazes de reparar as dores humanas que sentimos em meio à tão improvisada vida.

Podemos, de certo modo, ter a tendência de optar por caminhos fáceis. Aplicar uma dose de ânimo: bem, isso é formidável! Diria que até louvável. Onde, de tal modo, caminhamos a ver navios, deixados como filhos pródigos, buscamos um lugar ao mundo, ter nossas raízes em um olhar do agora, um olhar voltado àquilo que antes não víamos, sendo bem mais que apenas rastros...

Abraçar as escolhas e não ir de um lado a outro, e sim olhar para o objetivo a ser alcançado. Teria as palavras poder sobre as ações e o porto seguro onde respiramos a liberdade? Mesmo que isso assuste e exija instintos de paciência e perseverança? Mesmo estando sós?

Olhou Beni as sementes guardadas como quem guarda para si seus sentimentos, morrendo lentamente, por mentir para si e por se esconder do resto do mundo... Naquela hora, foi ao quarto e fechou as janelas, queria um momento somente seu. Era muito pedir um minuto de liberdade?

Entre paredes, ouviu baixinho um sussurrar de quem agora dormia. Estava cansado, não tinha tido tempo de viver, nem mesmo de – e quem diria! – sonhar. Seu corpo era agora um objeto, uma máquina que queria se recompor.

Suas neblinas de incertezas tornaram-se, neste instante, pó; seu sono, profundo; Beni não sentia azia, nem a ânsia de um mundo gerido por regras e ideias que nunca dormem, surgem e dispensam. Corremos para o vício da rapidez constante, e nem vemos o pôr do sol, tampouco respiramos sossegados.

São inóspitos o gelo e o frio da indiferença, dos amores que morrem ao amanhecer.

Quanto ainda resta das pontas, dos nós a serem descobertos? Escondidos nos emaranhados das teias tecidas? Perdemos a paciência de cultivar a simplicidade.

Esta distância nos assombra; a fuga incerta dos derradeiros seres habitantes mudou, agora tudo é espanto. A terra fala entre os imbróglios e as mudanças já anunciadas. Essa é a soma da realidade.

Agora o tempo chama: onde estará a fonte? Meus caros amigos, o emblema paira em nossos ombros.

Deixamos a pequena luz fugir, e, para dar juízo, quem a tem são poucos e humilhados.

Talvez sejam esses que não se encaixam unicamente em estar com verdades absolutas. Para eles, o mundo sempre foi um lar a ser descoberto, assim como a profundidade de suas próprias ações. Esses senhores livres, sem dogmas e rótulos que um passado nebuloso detém, possuem o pulso de cruzar a escuridão sem se abater em meio às trevas...

Quanto de choro cabe no peito?

Não! Isso não é vida!

Hoje, o Sol reina para os mortos, para os humilhados e para aqueles que, deste caminho, fazem um aprendizado.

Fica mais um assunto novo aqui: o pensamento, "uma fruta que não é pecado", dizia Beni quando acordava.

Será que o aventureiro estará acordado ao amanhecer?

Será que, agora, o seu sono não é eterno?

Acendam as luzes....

Grande parte dele não será mais a mesma, mas a saudade sorrateira, que chega devagarinho, poder ser.

— Querido, acorda! O dia amanheceu! — avisava Lenia.

Lenia, meiga mulher, era doce, amava até a alma de Beni, e isso não era segredo. Seus olhos diziam mesmo sem dizer nada, um amor que surgiu de forma simples, sem se impor ou cobrar; um amor como borboletas que pousam em um jardim e a ele desejam retornar.

Eram quentes e molhadas as suas palavras, entendia que a vida e o amor eram feitos de escolhas; que se perder entre o tecer da vida pode ser uma nova caminhada que, por vezes, assusta, mas, ao fim, nem mesmo depois de tudo, ao longo tempo, detém o sentimento de ser amado.

Respostas de um amor surgiram entre a delicadeza e deram asas à vida, ao pertencimento. Agora, era o poder de estarem juntos, fazendo de suas horas minutos, de tal modo que anos de vida não caberiam, nem se mediriam, em palavras ou resumos. O amor não era peso, mas o equilíbrio de uma vida que anda e passa entre as mãos de maneira tão apressada e descontrolada... O amor não é uma fórmula, e sim uma descoberta a ser encontrada.

O amor no qual o mundo se sacode pode ser o remédio para, ao menos, o perdão e o resgate de nós mesmos; pode ser a semente que surgiu em um dia frio e se aqueceu ao fim de uma tarde...

O amor nos convida a abrir as portas e a esquecer um pouco o mundo lá fora. Quem o tiver e o cultivar jamais estará sozinho.

Buscar em outros o que já está dentro de cada um de nós é tapar os olhos e negar a ver. O mundo acelerado tira-nos a privacidade, as coisas simples, e isso tende a ter um maior significado quando de fato vemos as coisas como elas realmente são.

Sendo nós levados aos instantes, agora, com o tempo ficando convidativo, para alçar voo entre o imaginário, teríamos o que de bom? Quem saberá pintar o céu daquele quadro?

— A obra que agora emerge é inclusa no riso e no adeus ao tédio. Dar o basta para aquilo que, antes, era névoa é o ponto para o início. Esqueci, contudo, que sentimentos não se guardam!

Olha só! Quem vês tu, não imagina os trilhos de aço...

Se anima, querida! Hoje, ouviremos a nota antes não tocada no acorde suave aos ouvidos, nosso paladar será feito ao doce vinho, e o brindaremos com o direito de repeti-lo. Quando se sonha, se vive!

Meros instantes aos corações mortais, onde caberia, ao andar, a confiança de que, neles, há algo maior.... São cintilantes à luz a reinar em terras antes desabitadas. Pela falta, elevou o espírito aventureiro, e, agora, podia a luz tocar a face.

A liberdade não era o luxo ou o apagar das luzes, mas o redescobrir quanto ao possuir sem ter. Onde vagas a plenitude? São renomados os mestres de si, suas curvas históricas tocadas aos ventos levados ao distante, sabendo, outrora, que, aqui onde se caminha, se vive.

Olhando um quadro em branco, assim começou pela manhã numa tarde de domingo. Bordou-se o céu anil. Lenia era alguém naquele tempo; talvez, a estrela no céu de Beni. Ela assim escreveu:

"Meu amado Beni, o tempo andou conosco, caminhamos juntos. Foram as tempestades daqueles dias que nos fizeram fortes. Naquele pequeno barco a navegar, entre o frio e as névoas, eu sabia que, no cantinho de meu coração, tinha o espaço para o seu amor, entre as pontes que construímos mesmo que, sobre nós, pairassem dúvida, medos e incertezas; mas tu não desististe: estava lá.

Seus olhos cristalinos, negros como a noite, brilhantes como a luz guardei, fores onde, sem segredo. Guardei tudo o que havia de melhor e, por vezes, até pior, sem culpa, nem remorso, pois sabia que o porto, agora seguro, era o nosso amor.

São aleatórios os desalentos de se sentir só. Talvez, veremos, no caminho, estradas antes deixadas, mas, no tempo presente, abriremos, com tutano e fibras, novos caminhos para o paraíso.

Tu chegaste nos corredores da fila de meu coração sem dizer nada. De um estranho, agora sua voz fala, e os seus pensamentos voam. Firmou-se os pés na areia agitada pelo vento, entre o respirar que doía nas sombras que o seguia.

Trouxe-me boas novas!

Aos escombros, fez a escolha: seguir como quem deseja e caminha pela primeira vez... Há um tanto de mim em ti!

Entre o jogo desigual, antes percorrido da vida, nascia, no peito, a sede de tocar a luz branda e, da pequena luz, acender-se entre o caos.

Ao retorno de seu espírito, agora envelhecido, jovem por natureza, dispersa, aos seus ombros, o andar. Tudo o que tendes é a grandeza de um coração.

Muitos dizem que o amor não se explica. Ele chegou sem ter encontro marcado, como luz na escuridão; levou, um dia, na instância de um mundo distante, ao paraíso de nossos passos, as cinzas ao mar e trouxe você."

Beni olhava tais palavras. O que dizer se sentimentos é tudo aquilo que é nutrido?

Daria para ter o paraíso?

Ah! Quem escreveu sobre o amor? São os odiados, afamados, doidos, poetas. O toque do beija-flor, a rosa que ainda não desabrochou, as ondas das águas que o mar um dia abraçou!

Beni dirigiu-se à Lenia pela manhã. Ela estava deslumbrante:

— Seu olhar é como a despedida do sol após as montanhas.

Era como retornar no tempo e viver as velhas memórias... Daria tempo de dizer o que estava guardado?

Em qual caixa estamos? O que seria da vida viver sem amar e ser amado?

Dividir a vida sem amarras!

E por fim, ao tocar na Terra, sabemos que dela somos feitos e nela está tudo aquilo que deixamos para trás, escondido e adormecido no olhar adiante de um novo passo.

Daria, agora, tempo para ver? O simples tornou-se belo!

Estamos tentando encontrar as nossas partes que se foram ao anoitecer.

Há muito de nós que percorre longos caminhos distantes e perdidos para juntar forças do pouco que lhes resta, seguindo adiante nas horas amorfas da vida...

Pairando sobre os ombros, mergulhado em suas lembranças, havia tempo de uma despedida? Todos carregam em si o que podem doar!

Doaria aos ventos que um dia disseram ao mundo: "Nunca é tarde para recomeçar!".

Beni viu, naqueles olhos, que ali brilhavam o amor que ia além de estradas que se dirigem ao infinito... Um dia ele retorna, e Lenia voltará à sua morada; amou e foi amada!

Despediu-se no silêncio de suas palavras. Beni agora veria o Sol, nebuloso e solitário. Despediu-se. Parte dele, ao universo, era levada.

— Lenia, sua vida foi às chamas acendidas, as quais, um dia, aos ventos dançaram... Um dia, irei te rever em sua morada — dizia Beni, agora ferido pela saudade. Rompendo o Sol, Beni estava embaixo de uma árvore, a qual, certo dia, plantou.

— Ah, o verde! Ele tem, agora, cheiro e gosto de lembrança!

O relógio do tempo parou nos instantes em que se vivia. Daria, agora, tempo de reportar mais uma página? Os estranhos, neste momento, fazem silêncio...

Entre as relvas, respirava o aventureiro. A vida contida nas gotas que caíam do sereno era vasta, dava oceanos antes não explorados... Poderosos eram os sentimentos de se aquecer com cada pequeno passo...

Dirigiu-se ao velho barco, e quem o possuísse deveria deixar para trás o velho e o antigo, o passado, para começar o novo.

Naquele barco, o oceano da vida era o andar dos seres humanos, que nascem e emergem filhos do amanhã...

Há milhas distantes a serem percorridas pelos aventureiros. Quem, então, será chamado? Agora floresceu, no peito de Beni, um novo capítulo desta história: "Onde irá o seu chamado?", "Onde irá seguir seus passos?", "O que é a vida senão inícios?", perguntava-se ao olhar para o seu velho barco.

Caro Beni, qual é o valor desse barco?

Renderia a história de um louco, de herói apaixonado que amou? Que se entregou de corpo e alma aos momentos?

Teria as respostas certas para perguntas interessantes? Talvez advinha o desejo pelo prazer. Qual era, afinal, o gosto dos instantes percorridos? Pela manhã, um estranho roubou seu baú cheio de história e cartas...

— Aonde foram? São as minhas lembranças! — dizia ele.

Notou-se pela cidade pequena o pedido:

— Devolva as minhas lembranças! Poderia estar nas montanhas quem triste sonhou. Há muito tempo procuro e não encontro o baú de minhas lembranças!

— Olha, o marinheiro agora está fora de si, ele fala de um baú cheio de lembranças! Será um louco a vagar pela cidade? Quem o julga não conhece onde as estradas se cruzam.

— Meu senhor, está bem?

— Posso lhe dizer que sim, mesmo dizendo que não, minha senhora! Procuro vagas lembranças que, em cinzas, o tempo levou!

— Senhor Beni, encontramos um antigo baú. Nele, havia terra, dores, água e fogo. Ninguém seria capaz de suportar tal achado sem, antes, perder partes de si.

Tivestes do pequeno ao longínquo; calou-se perante o mundo turbulento; em silêncio, venceu, emergiu. Hoje, prefere os de coração quente e de abraço leve, simples, que completa uma vida.

Houve tragédias que ninguém conta na sombra de um olhar. Houve medos que são nossas prisões enterradas, mesmo que ainda os vivamos. São marcas que não podemos superar.

Podemos ter doses de coisas que tornam o espírito mais leves, menos propensos à dor.

Naquele momento, dirigiu um desconhecido falando que achou um valioso tesouro, "digno de estar registrado na história humana", como, ao sentir o calor da vida, enfatizava ele.

Ao certo, de uma noite para um dia, era propagado que, em algum momento, os bons tiveram uma história triste, mas foram nela que se descobriram...

Elevamos para florescer no jardim de nós mesmos.

Então, foi Beni encontrado?

— Sim, ele tinha vindo de onde surgem as lembranças, daquilo que é convidativo, para se sentar à mesa de nossas memórias.

Quantos de nós ainda resta ao tempo? Onde nos perdemos longe de casa? São numerosos os que habitam na multidão solitária.

"Caro Beni, tinha, em suas lembranças, recordações, um pouco daqueles que, um dia, pelos corredores da vida, fizeram dela leviana de espírito? Suas palavras eram doces, tecidas entre linhas."

O mundo no qual se propôs a andar entre as névoas não maleadas era feito de desejos ardentes e de coração quente. Diziam que ele era mais humano – não pelos homens, mas pela vida; por aqueles que, feito luz, tocaram as águas.

Embora breves, foram intensos...

Adiante, deparou com o chão vermelho: tinha o cheiro da terra. Para onde irão os nossos caminhos?

Calma! É tempo! Além de sóbrios *tic tacs,* um pensamento mais profundo a respirar; é um momento íntimo de afeição por si...

Batidas de um mundo onde deixamos de lado, pela dúvida, o mais simples de nós, escondido por barulho de um mundo em que se resumir o presente numa antiga página é esquecer o novo, deixar de ser.

Como herói ou não, o velho barco está em nós mesmos, quando decidimos caminhar entre as sombras inquietantes.

Meu caro, tudo é possível. O velho de hoje já foi jovem um dia, já chamou a vida de dádiva e o presente de tropeço de uma existência dura que, às vezes, assusta-se ao se desbravar.

Mas, ao resistir, o mais simples acontece... Não está distante quando abrimos as portas para a vastidão do nosso interior. O presente pertence aos nossos momentos, a fim de não esquecermos quem somos...

Sobre os pés da grande montanha, descia as nuvens. Ah se o mundo entendesse que nelas estão a capacidade, o estender as mãos! Certamente haveria risos, e não fumaças...

Beni foi à cidade ver uma velha amiga. Ela era disposta, embora ocupada, e dizia:

— Onde foi a nossa liberdade? Teria o marinheiro algo novo a dispor?

Ela queria paz, entende? Aquela que não custa nada! O tempo fez dela um espírito tocado pela realidade...

— Sente aqui! Vamos conversar, onde esteve? Soube que sumiu ao mar...

— Sabia que passamos grande parte do tempo ilhados?

Queria apenas lembrar de mim, mas levo sua lembrança... Recordo-me daqueles que não nasceram em nossas casas, mas nos fizeram mais que meros seres nestas estradas...

Há coisas nesta vida que não surgem do nada, mas são dadas como prova de algo maior. Seria uma ironia – e, talvez, um pouco chato – o mundo vazio e indiscreto.

O mundo onde partilhamos partes nossas é tão breve! Mais que isso... é tão raro!

— São esses que despertam emoções que, só de se sentir, valeu a pena, nos tornando próximos a nós mesmos. Queres chá colhido ao campo?

— Sim, por gentileza! Está presente aquele seu jeito de ser, poética, doida, uma mistura da realidade... Ela não muda sua essência. Traga o calor dos risos fartos, das boas maneiras de ver a vida.

"Saudamos, meu caro amigo. Não se vende fórmulas da felicidade. Ela tem o charme de saber dançar! Seríamos feitos de nós mesmos se fôssemos infinitamente os mesmos de antes?"

Aquele encontro era o reencontrar. Nada pesava, era a liberdade!

Velha amiga confidente, seu melhor não parou no tempo. Amizade é pouca, mas quem a tem possui uma família, um lar para depois do caos. Quem são eles?

Não têm nada de valor além da presença, mas, mesmo assim, almejaram permanecer. Ao nada que restou de nós, descobriram um império de riquezas, a alegria de ver o nosso bem. Esse raros de espírito leve amamos; declaramos partes de nossas vidas e construções. São raros, mas existem.

Esfriava aquele chá, as horas paravam – era como retornar –, e as conversas da vida aqueciam. Até do nada algo tronava-se interessante. Traga a dose sempre possível de leveza e a mudança que precisamos. Até tu, agora, pareces mais indiscreto. Não há falhas, tampouco julgamentos, e é isto o que move o mundo: a liberdade de existirmos da forma que um dia fomos feitos!

Do que lhe custar caro, não se demores em te servir! Ao se despedir, as luzes da cidade estavam acessas. O dia correu depressa para aqueles que ali, presentes entre risos, não viram o tempo correr, nem se preocupavam. Entendiam eles, então, o prazer do que era real, e isso, há tempos, não sentiam. Não há nada melhor do que o intenso cativa...

Ao retornar, ele acomodou-se, dopado pela felicidade, dominado e satisfeito pelo prazer de viver novamente. Quem entenderia os seus risos?

Era lobo de matilha ou uma simples presa? Nada disso! Era um homem voltando a ser menino, a sonhar novamente! A vida é amarga; a existência é dura... Fugir da regra nem sempre muda o resultado, mas, por ora, dá fôlego para pensar.

O telefone tocava, mas ninguém atendia... Não era o fim, e sim o começo.

Onde estamos? Buscar ou se encontrar?

Nada era mais pavoroso do que a vida guardada numa caixa, a qual não sabemos onde encontrar novamente. Fugiu como fumaça o semblante triste... Sabia no que confiar... Era do pequeno ao grande viver sem modelos pré-definidos.

Metades completam-se, unem-se. Uns vão embora, outro ficam, mas muitos partem antes, e só as saudades permanecem!

Teria os mesmos modos de entretenimento a vida irreal esvaída, sem emoções de um calor humano? Meus cabelos arrepiam, meu corpo e minhas veias sangram enquanto o mundo esfria-se.

Poucos entendem que tudo é passageiro, invernos vieram a ser verões, e verões tornaram-se invernos. Cabe a nós ver a realidade: nada é eterno! Nem o bem, nem o mal.

O silêncio trouxe para perto o gosto simples, numa estrada agora longa. Teria a coragem de olhar as nuvens e contemplar o céu? Perguntas... Dúvidas... Sabe, não é legal se cobrar tanto por algo não vivido!

Meus amigos distantes e perdidos, estamos tentando ouvir o nosso eco, escondido nas linhas tênues que guiam os nossos corações. Sabemos pouco e ignoramos muito. Se a vida a ti fores pesada, é hora de deixar entre verões e invernos aquilo que não podemos controlar.

O telefone traiçoeiro trouxe-me à ponte insegura. Meus pensamentos não foram meus. Ânsia me deu ao ver que a vida é breve e a desperdiçarmos por nada.

Precisamos rever, pelas janelas de nossos olhos, os que habitam perto de nossos corações e fazer com que a experiência de estar aqui, ainda que brevemente, tenha sentido e valido a pena.

Beni encontrou os sentimentos vivos e simples que habitam em cada um. Mesmo em cursos diferentes da vida, todos temos algo de bom escondido; alguns pelo tempo, outros pela dúvida, e alguns pelo medo da vida, pelos dias cinzas antes cruzados.

Ao fim, Beni compreendeu: todos temos algo a ensinar para outros aprenderem. Todos ganham e enriquecem o mundo com o qual e no qual somos feitos.

O valor inconcebível e irrefutável de cada ser humano existente é um chamado para onde caminham as nossas vidas... Chamamos de vida, destino, acaso, mas sempre temos algo novo para encontrar e compreender.

É preciso compreender que estamos entre viver e existir, e tudo depende somente de nossas ações. Unir-se hoje é ver a diferença amanhã.

— O mundo acelerado precisa de mais seres vivos, seres humanos capazes de semear a bondade e transformar vidas — dizia Beni.

— Se o mundo ouvisse a minha voz, entenderia a minha mensagem. Ela é simples, tem as cores do infinito das manhãs e dos fins de tardes. Entre as névoas me ergueste para te falar que o amor liberta, que a vida é maior de todas as coisas e que, nela, somos sementes vivendo no mesmo mundo, seguindo os mesmos céus.

Desde pequenos sonhos até grandes conquistas, nunca esqueçamos de quem somos, de onde viemos. Um dia, retornaremos para os seios da Mãe Terra. Até lá, dizia Beni então:

— Cabe a nós fazer a diferença na loucura que, hoje, nos separa. Sejamos falhos: erremos, acertemos, aprendamos. Ninguém saberá sem antes não ser quem realmente é. Aquilo que cada um carrega dentro de si é o que de fato importa, permanece feito luz a que emprestamos e um dia volta em forma de coisas indescritíveis, jamais imaginadas.

Não há mistério, tampouco segredos para o mundo vivenciado e compartilhado. Vivenciado num só objetivo, translúcido, capaz de dar vida e fazer deste mundo nossa casa, nossa morada. Mais que isso, somos uma pequena luz que, certo dia, decidiu ao mundo iluminar, levando o que melhor temos dentro de nós. Beni compreendeu, que precisava de algo real e verdadeiro, alcançável; algo maior que os seus medos e dúvidas. Precisava da luz aquecida entre as cinzas de sua existência, marcada pelo encontro que nos uni ao bem maior. Coisas que trilhamos ao ver e sentir a vida pelo humanismo de sermos capazes de nos inventar perante este mundo... Coisas que, para um novo começo, a arte da vida nos concedeu algum dia.

Não estava só o sonhador, o poeta das estrelas. O mundo era de todos e tinha espaço para a grandeza do amor. A Terra podia seguir, então, em paz. Ao sentirem a vida no amanhecer, as almas humanas não eram estreitas, tampouco pequenas.